Principles and Applications in

# Insect Toxicology

# 곤충 독성학

-이론과 응용-

김길하 · 이시혁 · 안용준

월드사이언스
worldscience.co.kr

# 곤충 독성학

인 쇄 | 2014년 9월 10일
발 행 | 2014년 9월 20일

저 자 | 김길하 · 이시혁 · 안용준
발행인 | 박 선 진
발행처 | 도서출판 월드사이언스

주 소 | 서울특별시 서초구 방배4동 864-31 월드빌딩 1층
등록일자 | 1988년 2월 12일
등록번호 | 제 16-1601호
대표전화 | (02) 581-5811~3
팩 스 | (02) 521-6418

E-mail | worldscience@hanmail.net
URL | http://www.worldscience.co.kr

정 가 | 15,000원
ISBN | 978-89-5881-236-4

이 도서의 국립중앙도서관 출판시도서목록(CIP)은 서지정보유통지원시스템 홈페이지(http://seoji.nl.go.kr)와 국가자료공동목록시스템(http://www.nl.go.kr/kolisnet)에서 이용하실 수 있습니다.
(CIP제어번호: CIP2014026797)

# 머 리 말

세계인구는 21세기 초에 65억 명을 넘었으며, 2050년에는 100억 명에 달할 것으로 예상된다. 현재 개발도상국에서는 수억 명이 식량부족으로 기아에 허덕이고 있으나, 경지면적을 증대시키는 것은 지구환경보전 면에서 곤란하다. 따라서 기후 변화에 따른 농업 환경의 불안정 및 도시화 개발로 인하여 경지면적이 감소되었고, 이에 식량을 확보하기 위해서는 단위면적당 생산성을 향상시키는 것이 급선무이다. 여기에 교통 통신의 발달로 무역량의 증대와 교류의 활성화로 인하여 지금까지 발생되지 않았던 병해충 · 잡초에 의한 피해가 증가하고 있어서, 이들의 피해로부터 작물을 보호할 수 있는 농약의 역할이 중요시 되고 있다. 즉 살충제, 살균제, 제초제를 비롯한 농약은 식량생산의 안정을 통해서 식생활 환경의 유지 · 향상에 기여하고 더 나아가 인류의 보건 향상에 공헌한 유용한 자재이다.

근래에 개발된 농약은 과거에 비하여 효력은 수십 배에서 수백 배 이상 향상되었고, 인축에 대한 안전성이 뛰어나고, 환경 중에 쉽게 분해되며 잔류성이 낮아져 인축 및 환경에 대한 피해가 극히 낮아졌다. 그럼에도 불구하고 농약에 대한 사회의 인식은 1962년 Rachel Carson의 "Silent Spring(침묵의 봄)"이 출판된 50년이 지난 지금에도 바뀌지 않았다고 생각한다. 따라서 농약 중에 살충제에 관한 정확한 이해를 돕기 위하여 본서를 기획하게 되었다.

곤충 독성학은 곤충과 살충물질을 대상으로 하는 생명화학과 환경에 관한 종합과학이다. 협의로는 살충제 과학이라 할 수 있는데, 곤충에 특이적으로 작용하는 생리활성물질, 즉 농업해충 및 위생해충을 합리적으로 제어하는 화학물질의 특성을 연구한다는 점에서 생물제어화학이라고도 말할 수 있다. 또한 곤충 독성학은 생명현상을 분자수준에서 보다 깊이 이해하기 위한 도구로서 중요한 역할을 하고 있고, 기초생물학의 비약적 발전에도 공헌하고 있다.

이상의 관점에서 본서는 곤충 독성에 관한 기초적 지식을 쉽게 해설하여 살충제가 어떤 해충에 살충력을 나타내는지 뿐만 아니라 살충제의 생화학적 · 유기화학적 작용기작을 알기쉽게 설명하였다. 최근, 분자생물학적 연구방법의 발전으로 더욱 명확하게 밝혀진 살충제 작용점과의 상호작용에 관한 기초 내용을 소개하였으므로 살충제의 작용기작을 분자수준에서 이해하는 데 유용하게 활용될 것으로 생각한다.

본서가 농업 관련 대학생과 대학원생 이외에 살충제에 관해서 배우고자 하는 일반인에게도 교과서나 참고자료로 활용되어 살충제의 유용성에 대해 보다 정확하게 이해하는 데 도움이 되기를 바란다.

끝으로 이 책의 출간을 흔쾌히 허락해 주신 월드사이언스에 깊은 감사의 마음을 전한다.

저자 일동

# 목 차

# Chapter 01

# 살충제 개발의 역사

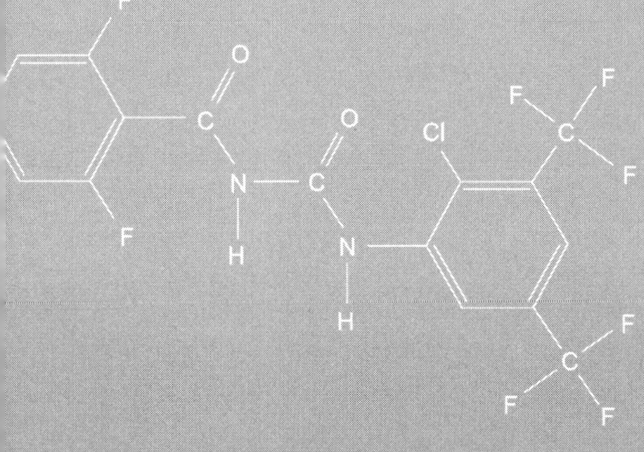

## 1.1 농약의 정의

농약에 대한 사회적 관심이 높은 가운데, 농업생산성에 있어서 필요불가결한 '농약(pesticide, plant protective agents, agricultural chemicals, agrochemicals)'이라는 용어의 정의를 다시 한 번 정리해 볼 필요가 있다. 일반적으로 농약은 농작물을 보호하는 약제의 의미로서 "토양소독, 종자의 소독 · 발아에서 결실에 이르기까지 병해충의 피해를 방지하는 것"을 일컫는 말이지만, 넓은 의미로는 병해충에 한정하지 않고 "농작물을 해하는 병해충, 선충, 잡초 등을 방제 또는 제어하여 작물을 보호하거나 식물의 생장을 조절해서 농업의 생산성을 높이기 위해 사용하는 약제"를 일컫는다.

법률적으로는 농약관리법 및 고시 · 훈령집(2012)에서 농약의 사용 목적 및 정의를 다음과 같이 규정하고 있다.

(목적)

제1조: 이 법은 농약의 제조 · 수입 · 판매 및 사용에 관한 사항을 규정함으로써 농약의 품질향상, 유통질서의 확립 및 농약의 안전한 사용을 도모하고 농업생산과 생활환경 보전에 이바지함을 목적으로 한다.

(정의)

제2조 1항: 이 법률에서 [농약]은 농작물(수목, 농산물과 임산물을 포함한다. 이하 같다.)을 해치는 균, 곤충, 응애, 선충, 바이러스, 잡초 그 밖에 농림식품부령으로 정하는 동식물(이하 "병해충"이라 한다)을 방제하는 데에 사용하는 살균제 · 살충제 · 제초제, 그 외 농작물의 생리기능을 증진하거나 억제하는 데에 사용하는 약제를 말한다.

제2조 1항 2호: "천연식물보호제"란 진균, 세균, 바이러스 또는 원생동물 등 살아 있는 미생물을 유효성분으로 하여 제조한 농약과 자연계에서 생성된 유기화합물 또는 무기화합물을 유효성분으로 하여 제조한 농약을 말한다.

## 1.2 살충제의 명칭

하나의 살충제가 개발되어 시판될 때까지 아래와 같이 기본적으로 5가지 이름을 붙인다.

<table>
<tr><td>화학명<br>(chemical name)</td><td>살충제 유효성분의 화학구조에 따라 붙여지는 전문적이고 과학적인 명칭으로 IUPAC(국제 순수 및 응용화학 연합)에서 명칭을 정한다.<br>예: {1-(6-chloro-3-pyridylmethyl)-N-nitroimidazolidin-2-ylideneamine}<br>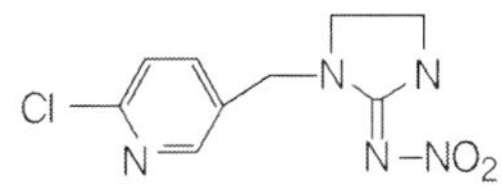

<br>Imidacloprid</td></tr>
<tr><td>일반명<br>(common name)</td><td>살충제를 구성하는 화합물의 이름을 암시하면서 단순화시킨 것으로 국제적으로 통용된다. (예: Imidacloprid)</td></tr>
<tr><td>품목명<br>(item name)</td><td>살충제의 제제화와 관련하여 붙여진 이름으로 영문의 일반명을 한글로 표시하고 뒤에 제형을 붙인다. (예: 이미다클로프리드 유제, 수화제, 입제 등)</td></tr>
<tr><td>상표명<br>(trade name)</td><td>살충제를 제품화할 때 농약회사에서 이는 고유한 이름으로 같은 살충제라도 생산회사에 따라 이름이 다르다. (예: 코니도, 크로스, 어더마이어, 노다지, 베테랑, 아리이미다, 파일럿, 비법, 래피드킬 등)</td></tr>
<tr><td>시험명<br>(code name)</td><td>살충제의 개발시험 단계에서 사용되는 명칭으로 코드번호라고 한다. (예: BAY NTN 33 893)</td></tr>
</table>

## 1.3 살충제 사용 사례

한국작물보호협회에서는 매년 등록된 약제들을 농약관련 전문가나 농가가 쉽게 활용할 수 있도록 약제의 성분, 독성, 적용해충 및 사용량, 안전사용기준, 특징, 약효 · 약해에 관한 주의 사항, 안전 그리고 해독방법에 관한 내용이 포함된 [작물보호제 지침서]를 발간하여 배포하고 있다. 아래 양식은 '2014 작물보호제 지침서'의 일례이다.

| 비스트리플루론 유제<br>(상표) 하나로 | 유효성분: bistrifluron ······ 10%<br>기타: 계면활성제, 용제 ······ 90%<br>계통: 벤조일페닐우레아계 |
|---|---|

독 성: 저독성 · 생태독성 II급
포 장 단 위: 50mℓ, 200mℓ, 250mℓ, 300mℓ, 500mℓ, 1ℓ/병

[적용해충 및 사용량]

| 작물명 | 적용해충 | 사용적기 및 방법 | 물 20ℓ당 사용 약량 | 안전사용기준 | |
|---|---|---|---|---|---|
| | | | | 시기 | 횟수 |
| 배추 | 배추좀나방 | 다발생기 | 10mℓ | 수확 14일 전까지 사용 | 3회 이내 |
| | 파밤나방 | | | | |
| 고추(단고추류 포함) | 담배나방 | 발생초 10일 간격 | | 수확 2일 전까지 사용 | |
| 파 | 파밤나방 | 유충발생초 10일 간격 | | 수확 14일 전까지 사용 | |
| 오이 | 온실가루이 | 발생초기 10일 간격 | | 수확 3일 전까지 사용 | 2회 이내 |
| 사과 | 사과굴나방 | | | 수확 14일 전까지 사용 | |

[특징]

1. 이 농약은 곤충성장조절제(IGR)로서 충체표피조직의 키틴질 형성을 저해하여 살충효과를 나타낸다.
2. 이 농약은 나방류 해충에 선택적으로 효과를 나타내는 곤충성장조절제로서 다른 약제(유기인계, 피레스로이드계 등)에 저항성이 생긴 해충에도 효과가 우수하다.
3. 이 농약은 나방류 유충에 특이적으로 효과가 우수하다.
4. 천적(포식성응애류, 노린재류 및 무당벌레) 등의 유용곤충에 영향이 적어 종합해충방제(IPM)에 적합한 약제이다.
5. 이 농약은 추천된 희석농도에서는 수정용 꿀벌의 활동에 대한 영향이 비교적 적기 때문에 개화기간 중에도 사용할 수 있다.

## 1.4 살충제의 구비 조건

살충제가 갖추어야할 구비 조건은 다음과 같다.

① 소량으로 효과가 우수해야 한다.

② 인축 및 생태계에 안전해야 한다.

③ 농작물에 안전 즉, 약해가 없어야 한다.

④ 가격이 저렴해야 한다.

⑤ 주성분의 안정성이 있어야 한다.

⑥ 대량생산이 가능해야 한다.

⑦ 사용이 간편해야 한다.

⑧ 다른 약제와 혼용이 가능해야 한다.

⑨ 농촌진흥청에 등록된 살충제이어야 한다.

## 1.5 살충제의 발달과 변천

살충제가 발달되어 온 과정은 원시 살충제시대를 제1세대, 무기 및 천연산물 살충제시대를 제2세대, 유기합성 살충제시대를 제3세대로 구분한다. 그중에서 제3세대를 세분하여 여명기, 유기합성 살충제 개발기 및 안전성 살충제 개발기로 구분한다.

또 다른 분류법으로는 무기 및 천연산물 살충제를 제1세대 살충제, 유기합성 살충제를 제2세대 살충제, 그리고 생물 살충제를 제3세대 살충제라고 분류하기도 한다(정과 박, 1990; 桑野 등, 2005).

농작물 재배에 살충제 사용이 일반화되어 사회적인 이슈를 가져온 것은 위에서 분류한 제3세대 유기합성 살충제 시대부터이다. 따라서 제 3세대 농약의 발달 과정 및 약제 특징에 대하여 자세히 살펴보고자 한다.

### 1.5.1 살충제의 여명기(1940년 이전)

인류가 1만 년 전부터 농경을 시작하면서 다양한 해충과 싸움이 시작되었다. 옛날부터 농민들은 해충을 방제하면서 방제가 어렵거나 불가능하여 막대한 피해를 가져오는 해충은 풍수해와 마찬가지로 천재(天災) 중 하나로 여겨왔다.

우리나라의 해충방제에 대한 최초의 서적은 농사직설(정초, 1429)에서 말의 뼈나 누에, 한정록(허균, 1610~1617)에서 고삼의 뿌리를 사용하여 해충을 예방하였다는 기록이 있다(양 등, 1995; 정과 박, 1990).

20세기 이전까지 해충 방제는 주로 경험한 시기로서 살충제 발달의 제1, 2세대라고 할 수 있다.

살충제가 본격적으로 사용하기 시작한 것은 제3세대이다. 제3세대의 초기단계인 여명기는 1945년경까지로서, 주로 비산연, 비산석회 등의 무기살충제와 제충국제, 황산니코틴제 등의 식물성 살충제가 대부분을 차지한다. 이 시대의 대표적인 살충제에 대해 간략히 알아보자.

- 제충국: 1800년경, 국화과 식물인 제충국 분말이 살충제로서 효과가 인정되어 제충국제 살충제 개발의 전기를 마련하였다. 모기 방제를 위해 모기향으로 사용되면서 일반 사람들에게 널리 알려졌다. 그러나 제2차 세계대전 후에는 합성피레스로이드가 실용화되어 제충국의 재배는 격감했다.
- 비산연: 1892년 미국에서 집시나방에 효과를 나타내는 것이 발견되므로써 알려지게 되었다.
- 기계유제: 1906년 Pickering이 기계유제를 개발하였으며, 현재까지도 응애나 깍지벌레 방제에 사용되고 있다.

이상과 같이 제2차 세계대전 이전에 국내에 사용된 살충제는 주로 구리제, 석회유황합제, 비산연, 비산석회 등의 무기살충제와 제충국제, 황산니코틴 등의 식물성 살충제가 대부분이었다. 반면, 유럽과 미국에서는 제2차 세계대전 중에 유기합성 살충제를 개발하였고, DDT, BHC, 파라티온 등이 잇따라 실용화되면서 살충제의 새로운 시대를 열기 시작하였다(양 등, 1995; 정 등, 2000; 桑野 등, 2005).

### 1.5.2 유기합성 살충제의 개발기(1940~1970)

유기합성 살충제 개발의 시초인 BHC(Faraday, 1825), DDT(Zeidler, 1874)가 합성되었으나, 이 시기에는 살충효과를 발견하지 못하였다. 하지만 1938년 DDT(Müller), 1941년 BHC(Dupire)에 대한 살충활성이 발견되어 유기염소계 살충제 개발의 계기가 되었다.

- 유기염소계 살충제(organochloride insecticide): 유기합성 살충제의 전성기를 연 것은 DDT, BHC 등 유기염소계 살충제였다. 특히 DDT의 살충성을 발견한 스위스의 Müller는 그 공적으로 1948년 노벨상을 수상했다. BHC의 살충성은 1941년 Dupire(프랑스), 1942년 Slade(영국)가 BHC의 $\gamma$-이성체가 강력한 살충력이 있다는 것을 발견함으로써 실용화되었다.

  소위 drin제라 불리는 살충제는 eldrin, dieldrin, endrin 등 일련의 cyclodiene계 화합물로서 미국의 Jurius Hyman이 개발하였다. 이들 약제들은 일본을 비롯한 외국에서 실용화되었으나 국내에는 사용되지 않았다. 다만 endosulfan은 2009년까지 농업해충 방제제로 사용된 유일한 cyclodiene계 살충제이다.
- 유기인계 살충제(organophosphorous insecticide): Schrader(독일)가 1944년에 TEPP(tetraethylpyrophosphate), 파라티온 등을 개발하였으나, 독일의 패전에 따라 이들 자료는 미국으로 유출되어 미국의 ACC사가 파라티온의 공업화에 성공하였고, 이후 독일의 비이엘사도 개발에 성공하였다. 일본에서는 1951년 파라티온을 수입하여 시험한 결과, 이화명충의 방제에 탁월한 효과를 나타내어 일본 농업계에 돌풍을 일으켰다. 우리나라에서도 농약제조회사가 설립되어 1946년부터는 DDT 등의 유기합성 살충제를 완제품으로 수입하였고, 각종 유기염소계, 유기인계의 살충제를 1970년대 이전까지 수입하여 해충 방제용으로 널리 사용하였다.

이상과 같이 제2차 세계대전 종료 후 종래의 무기 살충제 대신 유기합성계 살충제가 등장함으로써 살충제의 새로운 시대가 열렸다. 그중에서도 주역을 이룬 것은 DDT, BHC 등의 유기염소계, 파라티온, 메틸파라티온 등 유.

기인계 살충제였다. 이러한 살충제의 사용으로 우리나라 농업의 중심인 수도작물에 발생하는 주요 해충인 멸구류, 이화명충에 대한 획기적인 방제기술이 확립되었다.

대표적인 유기인계 살충제로는 malathion(1952), diazinon(1953), EPN(1953), dichlorvos(1955), ethion(1957), chlorpyrifos(1965), fenithrothion(1960), fenthion(1960), acephate(1972) 등이 있다(정 등, 2000; Tomlin, 2006; 桑野 등, 2005; www.alanwood.net).

그러나 합성 살충제는 높은 독성과 해충의 저항성 유발 및 환경잔류독성이라는 문제를 일으켰다. 특히 1962년 미국의 Rachel Carson 여사가 'Silent Spring(침묵의 봄)'을 출판하여 살충제의 남용에 따른 자연환경 파괴를 경고하면서 살충제 사용에 대한 비판이 높아졌다. 1965년경부터 살충제 사용에 대한 문제점이 구체적인 형태로 나타나면서 새로운 단계의 개발연구에 돌입하게 하였다.

### 1.5.3 안전성 유기합성 살충제의 개발기(1970~현재)

인축에 대한 독성이 낮고 환경잔류 문제를 해결하기 위해 새롭게 등장한 살충제를 안전성 유기합성 살충제라고 한다. 1970년대 이후로 다음과 같은 새로운 살충제가 등장하였다(정 등, 2000; Tomlin, 2006; 桑野 등, 2005; www.alanwood.net; www.irac-online.org).

- 카바메이트계 살충제(carbamate insecticide): carbaryl(1957), fenobucarb(1962), methomyl(1968), pirimicarb(1969), carbofuran(1969), isoprocarb(1970), carbosulfan(1979), furathiocarb(1981), benfuracarb(1983) 등 점차적으로 저독성 약제가 개발되었다.
- 합성피레스로이드계 살충제(synthetic pyrethroid insecticide): permethrin (1973)을 시작으로 fenvalerate(1976), deltamethrin(1977), cyhalothrin(1980), cyfluthrin(1981), *α*-cypermethrin(1983), bifenthrin(1985), esfenvalerate(1986), acrinathrin(1991) 등이 개발되어 뛰어난 살충력을 보이는 반면에 낮은 포유독성을 나타내는 선택성 살충제의 시대가 도래하였다.

- 벤조일페닐우레아계 살충제(benzoylphenylurea insecticide): 곤충표피 구성물질의 키틴생합성을 저해시키는 diflubenzuron(1971), teflubenzuron(1983), hexaflumuron(1983), flucycloxuron(1988), lufenuron(1993), bistrifluron(2000) 등이 개발되었으며, 살충제의 발현속도는 느리지만 저독성과 선택독성이 높은 약제이다.
- 네오니코티노이드계 살충제(neonicotinoid insecticide): imidacloprid (1991), acetamiprid(1992), nitenpyram(1995), thiamethoxam(1997), thiacloprid(1999), clothianidin(2002), dinotefuran(2002)이 흡즙성 해충에 효과가 우수한 새로운 구조의 살충제가 개발되었다.
- 마크로라이드계 살충제(macrolide insecticide)는 방선균에서 분리한 항생제계열로 구조가 복잡하며, 시판되고 있는 살충제로는 abamectin (1985), milbemectin(1990), emamectin benzoate(1997)가 있다.
- 2000년대 전후의 새로운 계열의 살충제: 스피노신(spinosyns)계의 spinetoram, spinosad, 테트로닉산(tetronic acid)과 테트라믹산 (tetramic acid)계의 spirodiclofen, spiromesifen, spirotetramat, 그리고 디아마이드(diamides)계의 chlorantraniliprole, cyantraniliprole, flubendiamide, tetraniliprole 등 작용기작이 다른 다양한 계열의 살충제가 꾸준히 개발되어 해충방제에 사용되고 있다.

살충제 개발의 역사를 정리하면 표 1.1과 같다.

표 1.1 살충제 개발의 역사

| 시대 | 년도 | 주요 살충제 그룹 | 대표적 살충제 | 특징 |
|---|---|---|---|---|
| 살충제의 여명기 | 1940년 이전 | 무기화합물 | 비산연, 석회유황합제, 기계유제 | •약효 지속시간이 짧다.<br>•광분해가 쉽다. |
| | | 천연유기화합물 | 제충국, 유산니코틴, 로테논(데리스) | |
| 유기합성 살충제의 개발기 | 1940~50년 | 유기염소계 | DDT, BHC, eldrin | •잔효(류)성이 길다.<br>•난분해성으로 생물에 농축된다. |
| | | 비선택성 유기인계 | parathion, schradan | •적용범위가 넓다.<br>•독성이 높다. |

<table>
<tr><th>시대</th><th>년도</th><th>주요 살충제 그룹</th><th>대표적 살충제</th><th>특징</th></tr>
<tr><td></td><td>1950～60년</td><td>선택성 유기인계</td><td>dichlorvos, diazinon, malathion, fenthion, fenithrothion</td><td>•비선택성 유기인계 살충제 비하여 독성이 낮고 분해가 용이하다.</td></tr>
<tr><td rowspan="10">안전성 유기합성 살충제의 개발기</td><td rowspan="2">1960～70년</td><td>카바메이트계</td><td>carbaryl, carbofuran, fenobucarb, carbosulfan</td><td>•유기염소계나 비선택성 유기인계 약제에 비하여 독성이 낮고 분해가 빠르다.</td></tr>
<tr><td>네레이스톡신계</td><td>bensultap, cartap</td><td>•나비목 해충에 효과가 우수하다.</td></tr>
<tr><td rowspan="3">1970～80년</td><td>피레스로이드계</td><td>cyhalothrin, cyfluthrin, fenvalerate, permethrin</td><td>•이전에 개발된 약제에 비하여 속효성이고 저독성이며 분해가 빠르다.</td></tr>
<tr><td>미생물살충제</td><td>Bt제</td><td>•나비목 해충에 효과가 탁월하다.</td></tr>
<tr><td>곤충성장조절제(키틴생합성저해제)</td><td>diflubenzuron, teflubenzuron, hexaflumuron, buprofezin</td><td>•저독성 및 선택독성 우수하다.<br>•살충제의 발현 속도가 느리다.<br>•잔효성이 길다.</td></tr>
<tr><td rowspan="5">1990～현재</td><td>곤충성장조절제(키틴생합성저해제)</td><td>bistrifluron, lufenuron</td><td rowspan="2">•저독성이며 선택독성이 우수하다.</td></tr>
<tr><td>곤충성장조절제(탈피저해제)</td><td>methoxyfenozide, tebufenozide</td></tr>
<tr><td>네오니코티노이드계</td><td>acetamiprid, clothianidin, imidacloprid, nitenpyram, thiamethoxam, thiacloprid</td><td>•저독성이며 흡즙성 해충에 효과가 우수하다.</td></tr>
<tr><td>마크로라이드계</td><td>abamectin, emamectin benzoate, milbemectin</td><td rowspan="2">•저독성이며 소량으로 효과가 우수하다.</td></tr>
<tr><td>스피노신계</td><td>spinetoram, spinosad</td></tr>
</table>

| 시대 | 년도 | 주요 살충제 그룹 | 대표적 살충제 | 특징 |
|---|---|---|---|---|
| | | 테트로닉산과 테트라믹산계 | spirodiclofen, spiromesifen, spirotetramat | •저독성이며 흡즙성 해충에 효과가 우수하다. |
| | | 디아마이드계 | chlorantraniliprole, cyantraniliprole, flubendiamide | •저독성이며 나방류에 효과가 우수하다. |

이와 같이 농약과학의 진보에 따라 살충제의 안전성은 현저히 개선되었고, 최신과학기술을 구사해서 탄생한, 지금의 유기합성 살충제는 아래의 특징을 갖고 있다.

① 인간이나 동물에 대한 독성이 현저히 경감되었다.
② 환경에서 쉽게 분해되고, 작물에 잔류기간이 짧고 일정 기간 후에는 거의 잔류하지 않으며, 생물 농축도 극히 적다.
③ 살충 효과가 현저히 향상되었고, 단위면적당 사용량이 크게 감소하였다.
④ 여러 종류의 생물을 동시에 죽이지 않고, 목적하는 해충에만 효과를 발현한다.

살충제의 역사 변화에 따라 우리나라의 농약산업도 변화하였다. 해방 이후 변화 흐름을 살펴보면 다음과 같다.

살충제 사용 초창기인 1950~1980년대까지는 완제품을 수입하여 사용하면서 국내에서 독자적으로 개발할 수 있는 기술을 축적하였다. 예를 들어 1969년에는 parathion원제를 국내에서 처음으로 합성하는 데 성공하였다. 국내에서 합성된 대부분의 원제는 선진국에서 이미 특허가 만료된 물질이었다.

1980년 후반부터 연구개발이 활성화되면서 독자적으로 합성농약을 개발할 수 있게 되었지만, 선진국에 비하여 합성농약 개발이 늦은 편이다. 1987년 물질특허 도입 후에 정부출연 연구소인 한국화학연구원을 중심으로 (주)LG생명과학, 동부팜한농(주), (주)경농, (주)목우연구소 등의 기업이 주로 참여하여 연구개발을 수행해 왔다. 그 결과로 1995년에 최초로 새로운 화합물인 유기인계 살충제인 flupyrazofos가 성보화학에서 개발하여 제품등록은 하였으나 판매되지는 못하였다. 제초제인 pyribenzoxim(1998), 살균제인 ethaboxam

(1999)과 flucetosulfuron(2010)이 (주)LG생명과학에서 개발되었다. 또 살충제 bistrifluron(2008)과 제초제 metamifop(2010)는 동부팜한농(주)에서, 제초제 methiozolin(2010)는 (주)목우연구소에서 개발하여 실용화하였다. 이로써 우리나라도 신물질 합성농약을 개발할 수 있는 국가가 되었다.

## 연습문제

### 주관식

1. 살충제의 명칭에 관하여 설명하시오.

2. 살충제의 발달과 변천을 설명하시오.

3. 국내에서 개발된 합성농약의 종류와 작용에 대하여 설명하시오.

### 객관식

1. 다음 중 살충제를 제품화할 때 농약회사에서 붙여진 고유의 이름을 무엇이라 하는가?
   ① 상표명　② 품목명　③ 화학명　④ 일반명

2. 살충제의 제제화와 관련하여 붙여진 이름으로 영문의 일반명을 한글로 표시하고 뒤에 제형을 붙이는 것을 무엇이라 하는가?
   ① 상표명　② 품목명　③ 화학명　④ 일반명

3. 다음 중 국내에서 개발된 살충제는?
   ① diazinon　② fenobucarb　③ fenitrothion　④ bistrifluron

4. 다음 중 무기살충제이며 현재에도 살충제로 등록되어 해충방제에 사용되고 있는 약제는?
   ① 황산니코틴　② 비산석회　③ 기계유제　④ 비산연

5. 최근에 개발된 약제의 특징이 아닌 것은?
   ① 환경에 안전하다.　② 생물농축이 잘 된다.
   ③ 선택독성이 높다.　④ 소량으로 효과가 우수하다.

6. 다음 중 살충제의 구비조건이 아닌 것은?

① 인축 및 생태계에 안전해야 한다. ② 작물에 약해가 없어야 한다.

③ 사용이 간편해야 한다. ④ 잔류가 길수록 좋다.

7. 유기합성 살충제의 개발 역사의 순서가 맞는 것은?

① 유기염소계-유기인계-카바메이트계-피레스로이드계-벤조일우레아계

② 유기염소계-카바메이트계-유기인계-피레스로이드계-벤조일우레아계

③ 피레스로이드계-유기염소계-카바메이트계-유기인계-벤조일우레아계

④ 카바메이트계-유기염소계-유기인계-벤조일우레아계-피레스로이드계

8. 유기합성 살충제 중에 가장 최근에 개발된 것은?

① DDT ② cypermethrin

③ malathion ④ imidacloprid

9. 우리나라의 해충 방제에 대한 최초의 서적은?

① 농사직설 ② 농가월령 ③ 한정록 ④ 농가집성



정 답

1. ① 2. ② 3. ④ 4. ③ 5. ② 6. ④ 7. ① 8. ④ 9. ①

## Chapter 02

# 살충제의 분류

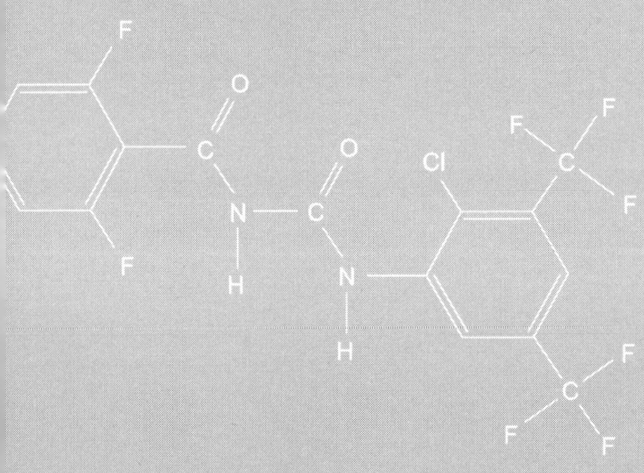

살충제의 분류는 화학구조 및 약제가 침입하는 경로에 따라 나눌 수 있다.

## 2.1 화학적 분류

살충제는 크게 무기화합물과 유기합성화합물로 나눌 수 있고, 후자는 천연 살충제와 합성 살충제로 나뉜다. 일반 재배작물에 사용되는 살충제의 대부분은 유기합성 살충제로서, 주된 계통(화학구조)은 유기염소계, 유기인계, 카바메이트계, 합성피레스로이드계, 네오니코티노이드계, 마크로라이드계 및 벤조일우레아계가 있다. 각 종류별 살충제의 특성을 살펴보면 다음과 같다 (정 등, 2000; Tomlin, 2006; 桑野 등, 2005; www.alanwood.net; www.irac-online.org).

### 2.1.1 무기 살충제(inorganic insecticide)

무기황제, 비소제, 불소제 등 무기화합물을 주성분으로 하는 살충제를 말한다.

### 2.1.2 유기 살충제(organic insecticide)

1) 천연유기 살충제: 식물의 구성성분 중 살충성분을 이용한 것으로써 제충국의 피레트린(pyrethrin), 담배의 니코틴(nicotine) 등이 있다.
2) 유기합성 살충제: 유기화합물을 합성하여 만든 살충제로서 유기염소계, 유기인계, 카바메이트계, 합성피레스로이드계 등이 있다.

① 유기염소계 살충제(organochloride insecticide)

인류가 해충을 방제하기 위해 약제를 합성하고 본격적으로 실제 생활에 사용하기 시작한 것은 1940년대 이후이다. 1938년에 스위스의 Paul Müller는 여러 종류의 합성화합물의 살충력을 조사하던 중 독일의 Zeidler에 의해 1874년에 합성된 DDT(1,1,1-trichloro-2, 2-bis(4-chlorophenyl)-ethane)가 탁월한 살충력이 있음을 발견하였다. 이것은 유기합성 살충제의 개발에 중요한 전기를 마련하였다.

유기염소계에는 DDT, γ-BHC, cyclodiene계의 chlordane, aldrin, dieldrin, heptachlor 등이 있다. 유기염소계 살충제는 살충력과 잔효력이 강하고, 해충의 적용범위가 넓고 가격이 저렴하기 때문에 1950년대에서 1960년대까지 해충방제에 많이 사용되었다. 하지만 대부분의 유기염소계 살충제는 환경과 작물에 잔류성이 길다는 이유로 사용이 규제되기 시작하였는데 국내에서 DDT, aldrin, endrin은 1969년, diendrin은 1970년, BHC, heptachlor는 1979년도에 사용이 금지되었다. 최근까지 사용되었던 endosulfan도 2010년에 금지되었다(그림 2.1).

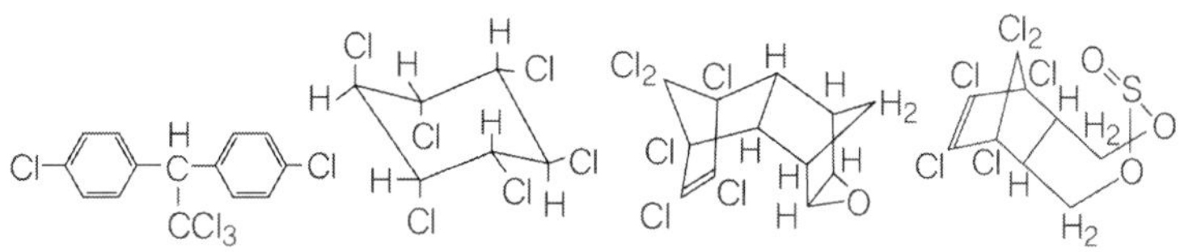


그림 2.1 유기염소계 살충제

② 유기인계 살충제(organophosphorous insecticide)

독일 IG Harben사의 Schrader(1934) 등은 천연 살충제의 단점을 보완하는 대체 살충제로 독성은 크지만 응애나 진딧물 방제에 효과 있는 sharadan을 1942년에 발견하였고, 적용해충 범위가 넓은 parathion을 1944년에 합성하였다. 이들 약제는 인축독성이 강하여 중독사고 발생이 많았다. 이러한 문제점을 보완하기 위한 약제로서 1949년에 EPN(Dupont사), 1950년에 malathion(ACC사), 그리고 1959년에는 fenitrothion(sumitomo사) 등과 같은 저독성 유기인계 살충제가 개발되었다. 이들 약제는 주의해서 사용한다면 중독이 거의 발생하지 않는 약제들이다.

유기인계는 식독, 접촉독, 호흡독으로 작용한다. Acetylcholinesterase (AChE) 저해제로서 자극전달이 끝난 아세틸콜린(ACh)의 분해를 저해하여 곤충에게 이상흥분을 일으켜 치사하게 한다. 속효성이며 살충력이 강하고 적용해충 범위가 넓다. 또 유기인산 에스테르로 가수분해가 쉽기 때문에 잔류독성이 낮다.

대부분의 유기인계 살충제는 인(P)을 중심으로 산소(O) 또는 황(S)이 이중결합하는데 P와 결합하는 치환기는 대부분 *O*, *O*-dimethyl 또는 *O*, *O*-diethyl이며 이탈기(leaving group)는 지방족, 방향족, 동형 및 이형고리 화합물로 되어 있다. 이들 구조에 따라 작용특성이 다르며 벼, 채소, 과수 등의 농업해충 방제에 널리 이용되고 있다. 기본 구조로 분류하면, (I) phosphate (II) phosphonate (III) phosphorothiolate (IV) phosphorothionate (V) phosphonothionate (VI) phosphorodithioate 등이 있다.

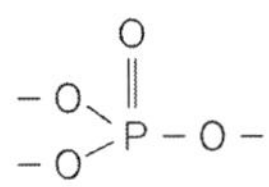

(I)

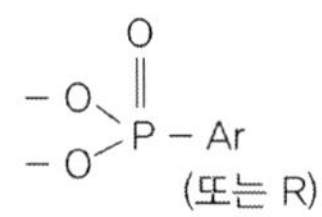

(II)

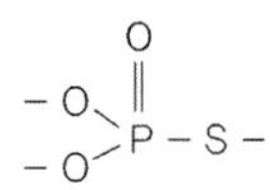

(III)

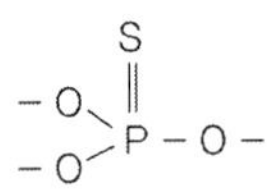

(IV)

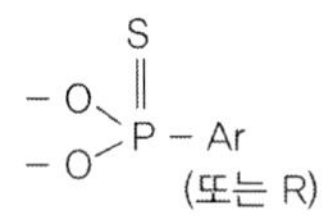

(V)

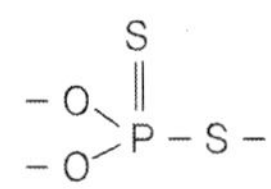

(VI)

기본 구조형에서 후자의 3개형이 많이 사용되고 있으며, 유기인계 살충제의 기본 구조형 별로 그림 2.2에 나타내었다.

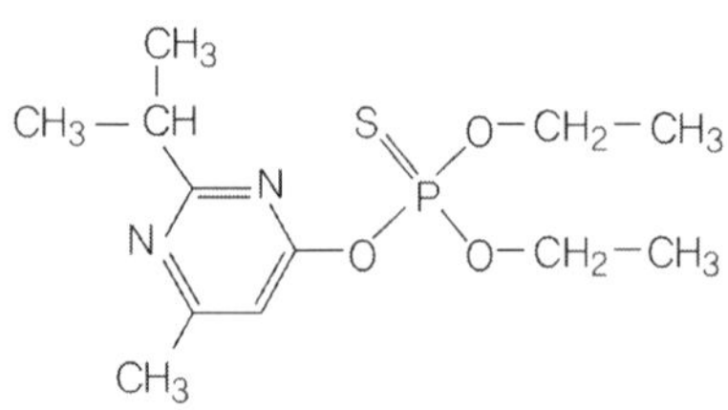

monocrotophos

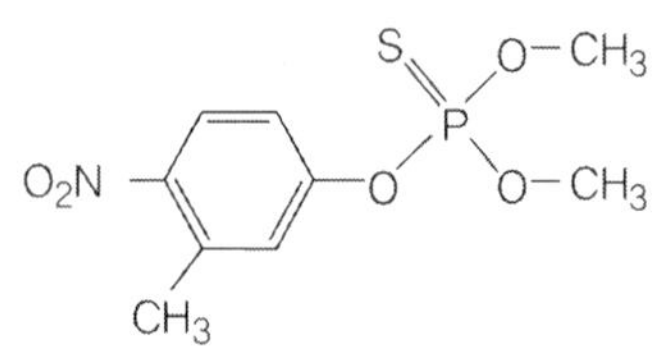

fenitrothion

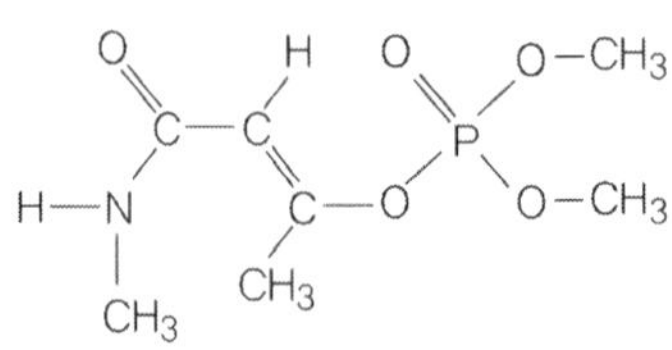

diazinon

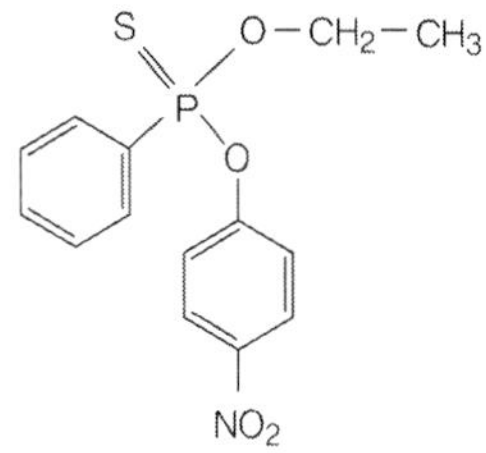

EPN

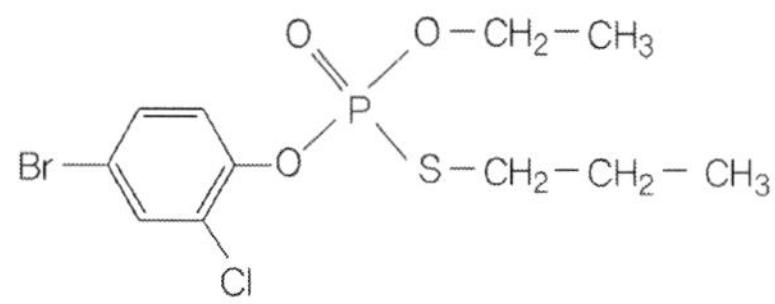

profenofos

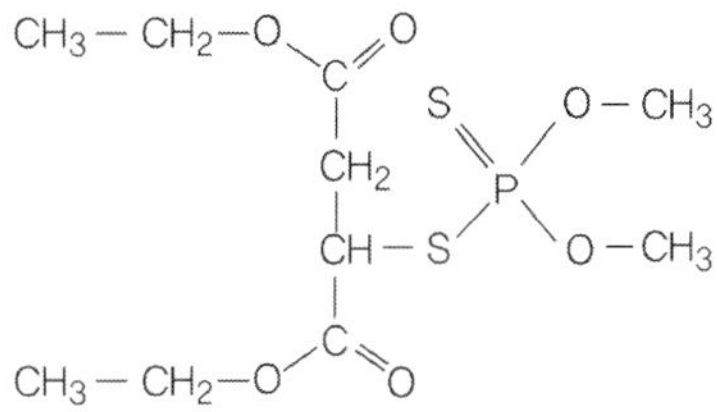

malathion

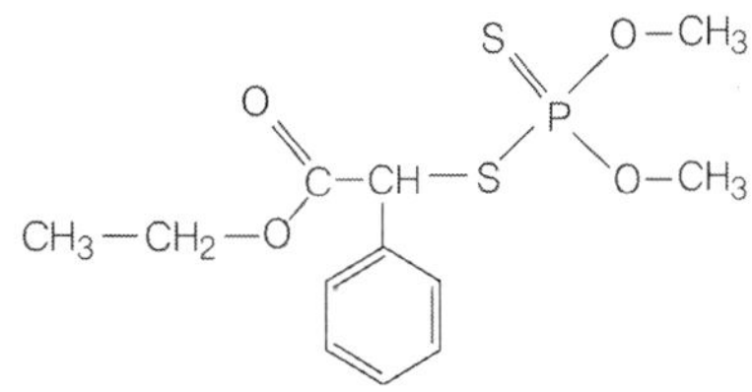

phenthoate

**그림 2.2** 유기인계 살충제

③ 카바메이트계 살충제(carbamate insecticide)

카바메이트계 살충제의 기원은 1925년에 카라바콩(*Physostigma venenosum*)의 독성분인 physostigmine은 일종의 *N*-methylcarbamate로서 교감신경작동제 등 의약품으로서 연구되었다. Metcalf(1947) 등은 이것이 곤충의 AChE를 강하게 저해하는 것을 발견하였고, 카바메이트계 살충제 개발의 단서가 되었다. 카바메이트계 살충제는 카바믹산(carbamic acid)의 골격을 가진 화합물로서 일반적으로 $R_1$은 H이고, $R_2$는 $CH_3$이며, 이탈기 X는 메틸기($CH_3$), phenyl유도체, pyrazolyl, oxime기 등으로 구성되어 있는데, 이탈기의 종류에 따라 aryl carbamate, heterocyclic carbamate 및 oxime carbamate로 나눈다.

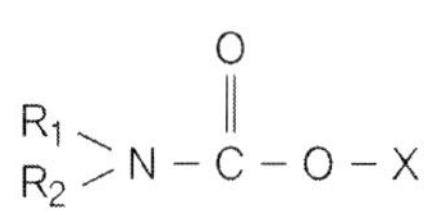

기본 구조

이 중에서 oxime carbamate는 1960년에 합성되었고 methomyl이 최초로 실용화되었다. 이 살충제의 특징은 치환 aryl carbamate 또는 heterocyclic carbamate계와 다르며, 흡즙성 곤충뿐만 아니라 저작형 곤충에도 효과가 있고, 침투이행성이 우수하다. 카바메이트계 살충제의 일부를 그림 2.3에 정리하였다.

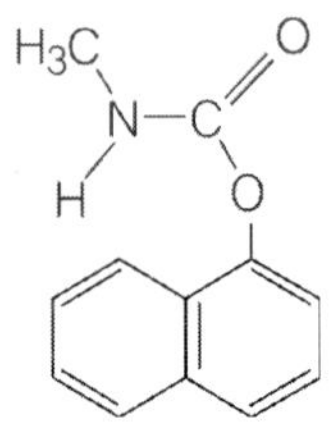

carbaryl

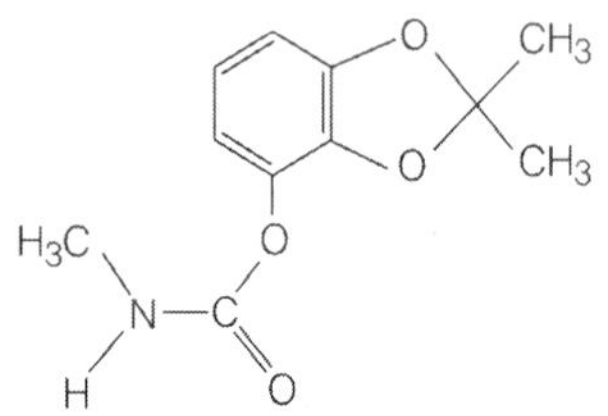

bendiocarb

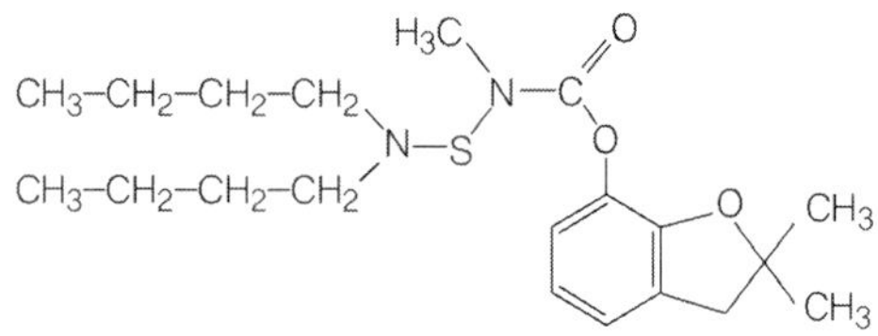

carbosulfan

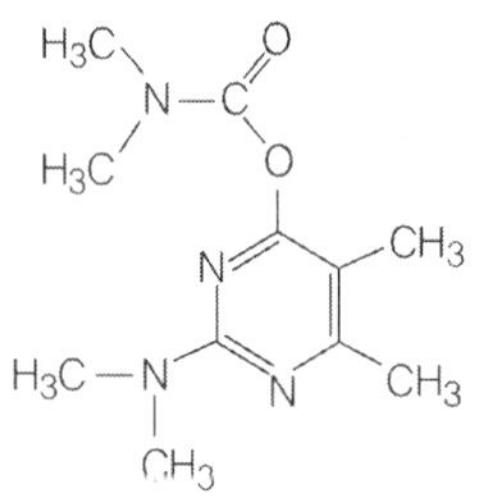

pirimicarb

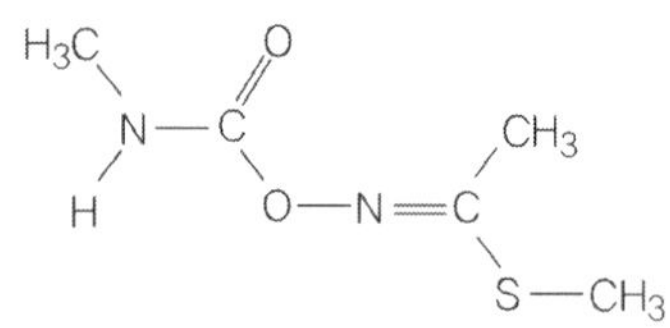

methomyl

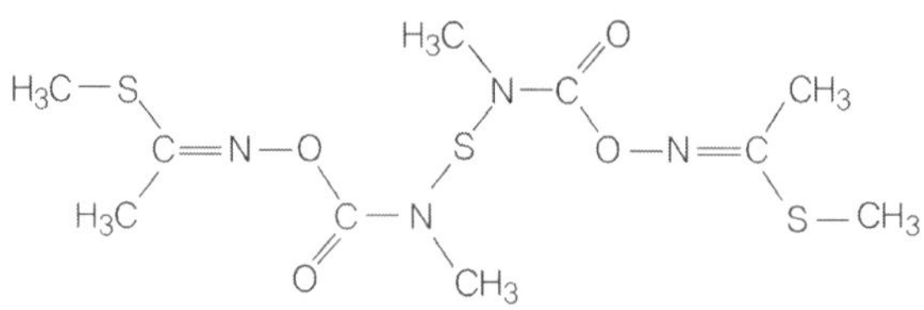

thiodicarb

**그림 2.3** 카바메이트계 살충제

④ 합성 피레스로이드계 살충제(synthetic pyrethroid insecticide)

피레스로이드(pyrethroid)는 제충국(除蟲菊; *Chrysanthemum cinerariaefolium*)에 포함된 pyrethrin I과 II를 주성분으로 하는 살충성분 및 관련 합성화합물의 총칭이다. 천연 피레스로이드는 2종류의 산과 3종류의 알코올 조합으로 만들어지는 6종류의 ester로 이루어진다(그림 2.4). 천연 피레스로이드 제충국제로서 농업용 살충제로 등록되었으나 불안정하기 때문에 빛에 대한 안정성이 개선되고 살충효력이 높은 피레스로이드를 화학적으로 합성하여 사용하고 있다.

합성 피레스로이드 살충제로서 최초로 allethrin이 등장하였고, 농업용으

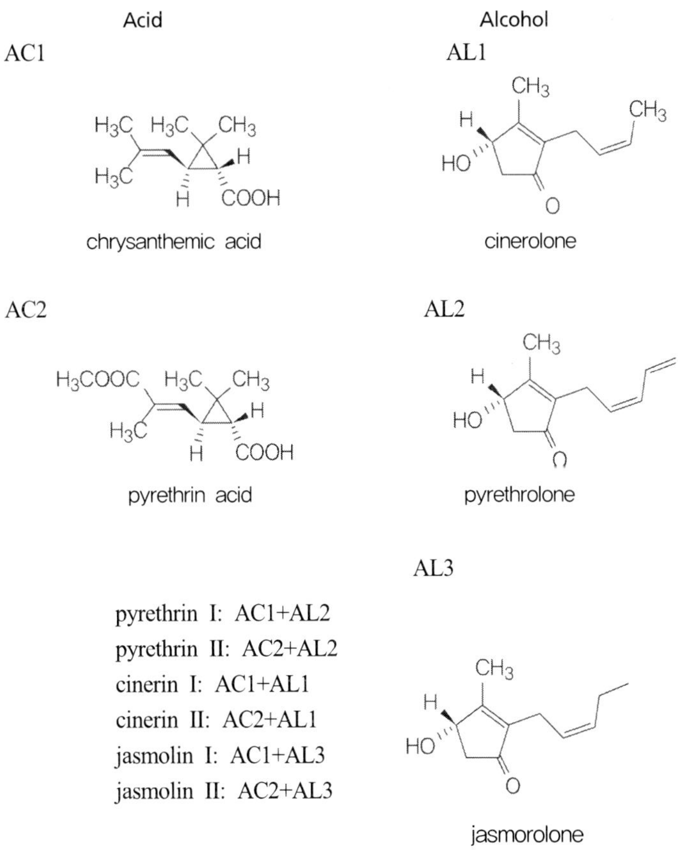


그림 2.4 천연 피레스로이드

로 빛에 안전한 permethrin을 1973년 영국의 Rothamsted가 개발하였다. 그 후 resmethrin, cypermethrin, fenvalerate 등이 잇따라 개발되었다(그림 2.5). 이들은 우선 pyrethrin의 알코올(alcohol) 부분을 변형한 다음 산(acid) 부분을 변형하여 합성하는데, 결국 ester 부분도 변형되어 ether인 etofenprox, 규소를 포함한 syrafluofen이 개발되었다. 이 과정에서 화합물의 안정성을 높여 옥내용에서 옥외용으로 용도가 확대되었다. 또한 어독성을 낮추어 논에서 사용할 수 있게 되었다.

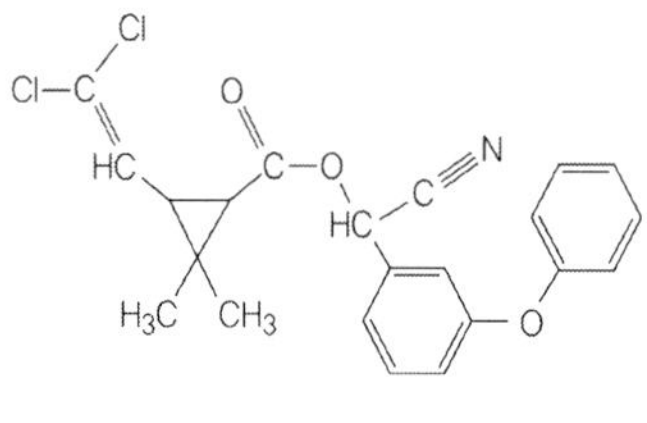

cypermethrin

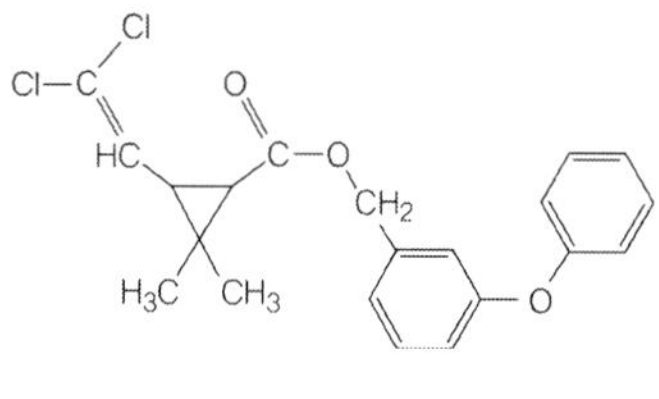

permethrin

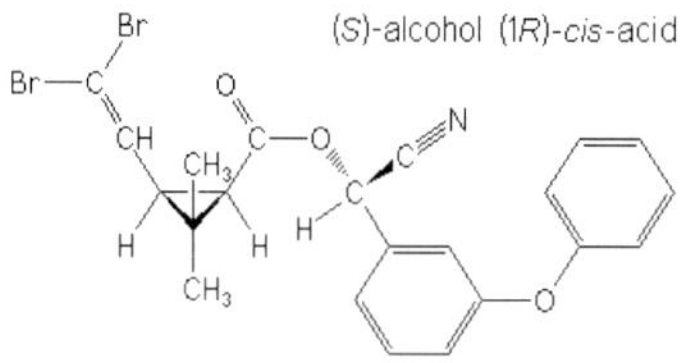


deltamethrin

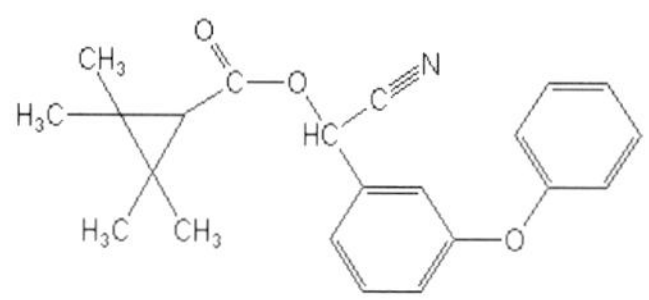

fenpropathrin

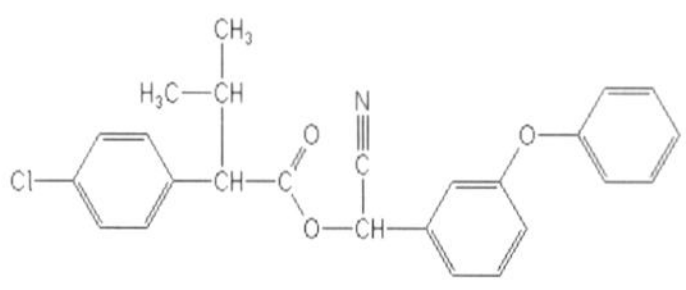

fenvalerate

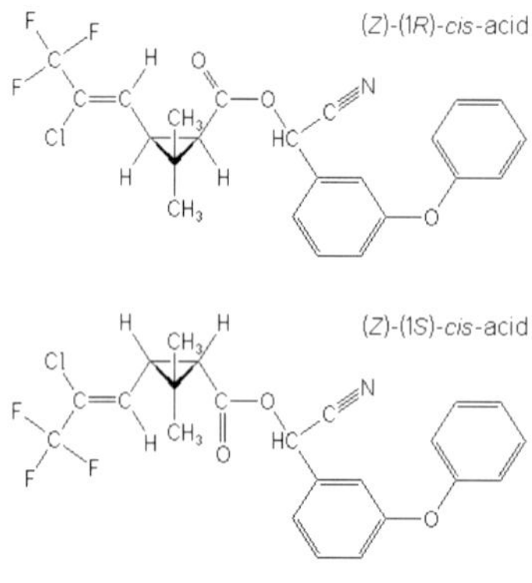


cyhalothrin

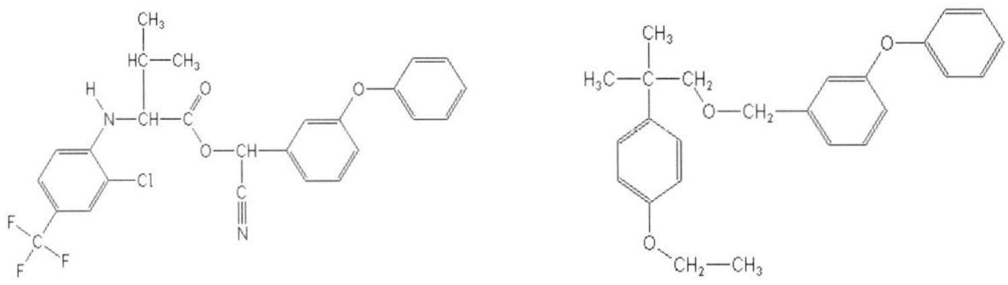

fluvalinate etofenprox

그림 2.5 합성 피레스로이드계 살충제

피레스로이드의 분류법으로써 permethrin과 같이 벤질 위치에 CN기(시안기)를 갖지 않는 타입 I과 cypermethrin과 같이 CN기를 갖는 타입 II로 나누는 방법이 있나. 타입에 따라 중독증상이나 전기생리학적 차이가 관찰되었지만 기본적인 작용기작은 같다. 피레스로이드계 살충제는 DDT와 유사하게 신경 축삭(axon)에 작용하는데 활동전위 생성과정에서 반복흥분을 유발하여 녹다운 효과(knockdown effect)를 나타낸다. 또한 이들 화합물은 고온보다 저온상태에서 약효 발현이 잘되는 것이 특징이다.

⑤ 벤조일페닐우레아계 살충제(benzoylphenylurea insecticide)

Urea계 제초제의 개발과정에 benzoylphenylurea계 화합물이 나비목 성충에는 효과가 없었으나 특이적으로 유충에 작용하여 탈피를 교란시키는 현상이 확인되었다. 이 계열의 화합물 중 diflubenzuron이 1972년에 처음으로 개발되었으며, 곤충 표피의 키틴생합성을 저해하여 살충효과를 나타낸다. 이 화합물을 곤충성장조절제(IGR, insect growth regulator)라 부르며, 인축에 독성이 낮고, 환경오염이 적으며, 곤충과 동물 간에 선택독성이 높은 장점을 가지고 있어서 이후 많은 약제들이 개발되었다(그림 2.6).

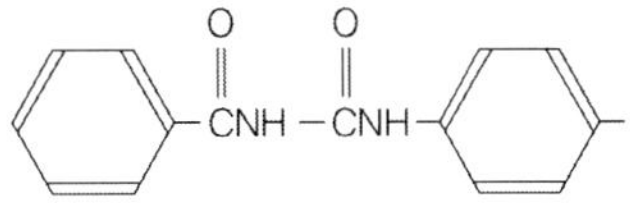

benzoylphenylurea

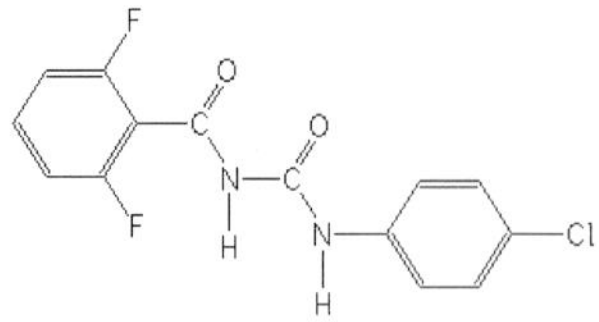

diflubenzuron(1972)

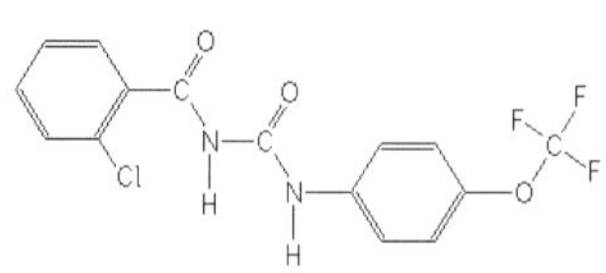

triflumuron(1979)

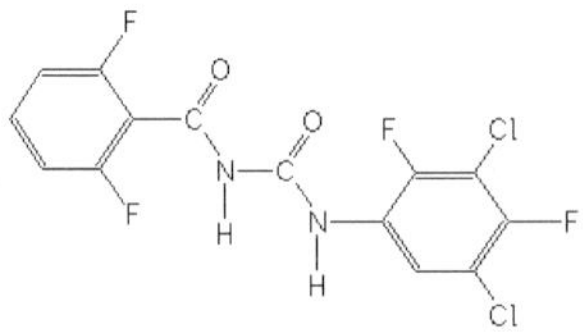

teflubenzuron(1983)

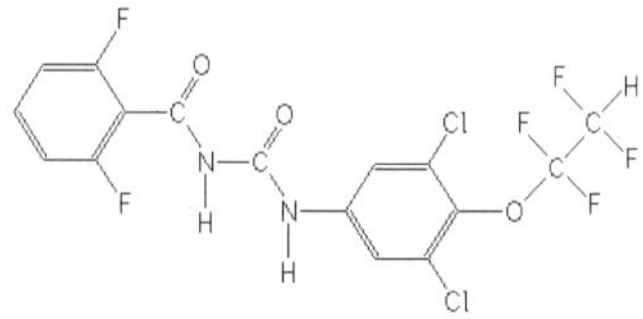

hexaflumuron(1983)

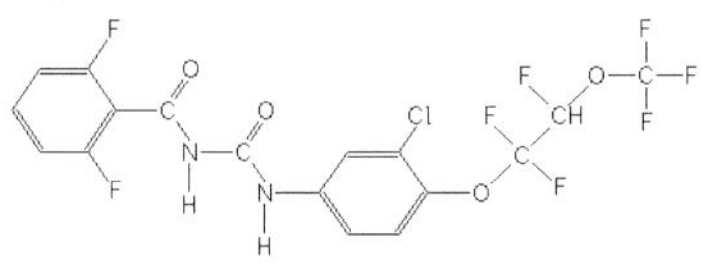

novaluron(1992)

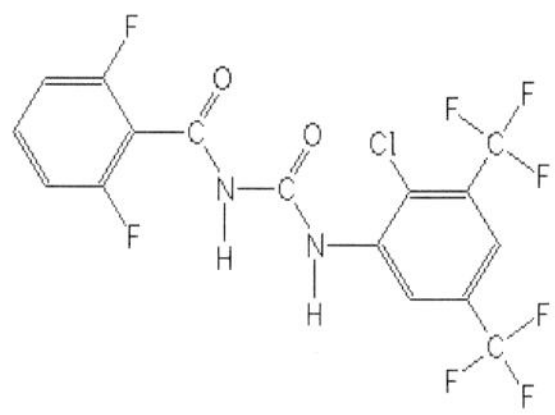

bistrifluron(2000)

그림 2.6 Benzoylphenylurea계 살충제

⑥ 네레이스톡신계 살충제(nereistoxin insecticide)

바다 갯지렁이에서 추출한 천연 살충물질로 nereistoxin 구조를 기본 골격으로 하는 살충제이며 cartap, bensultap 및 thiocyclam이 개발되었다. 접촉독 및 소화중독제로 작용하며 식물체에 침투력과 잔효력이 있어 나비목해충에 특히 효과가 높다. 곤충 신경계의 시냅스후막에 있는 니코틴성 아세틸콜린 수용체(nicotinic acetylcholine receptor, nAChR)에 아세틸콜린의 전달을 저해함으로써 살충력을 나타낸다.

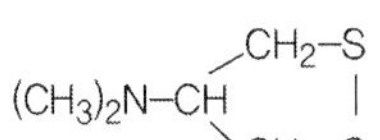

nereistoxin

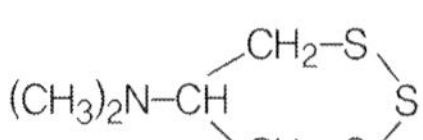

thiocyclam

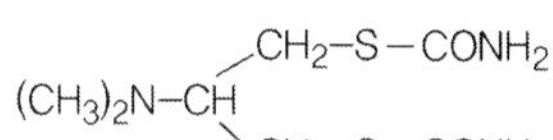

cartap

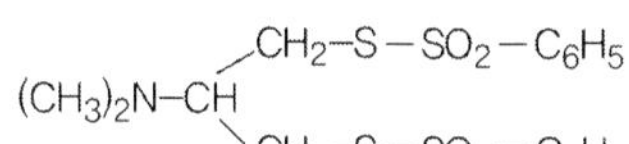

bensultap

⑦ 네오니코티노이드계 살충제(neonicotinoide insecticide)

담배(*Nicotiana tabacum*)에 포함된 nicotine은 살충활성이 있으나, 포유동물에 대한 독성이 강하고 잘 분해되며 잔효성이 짧고 약제의 충체 내 침투력이 낮아서 사용이 제한되었다. 그러나 이러한 단점들을 보완하기위한 연구가 진행되어 1991년에 nicotine과 nichiadine을 기본골격으로 하여 니코티노이드계 살충제인 imidacloprid가 개발되었다.

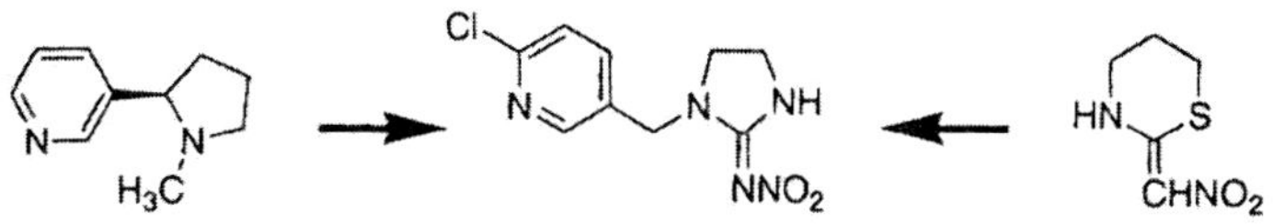


nicotine imidacloprid nichiadine

이 약제는 노린재목을 중심으로 한 광범위한 해충에 대해 활성을 가지며, 침투이행성이 우수하고 포유독성 및 어독성이 비교적 낮은 살충제이다. 실용화된 7 약제(imidacloprid, acetamiprid, clothianidin, dinotefuran, nitenpyram, thiacloprid, thiamethoxam) 중 6 약제가 일본 기업에서 개발되었다(그림 2.7).

대부분의 neonicotinoid계 살충제는 nicotine을 기본으로 설계된 분자이나, dinotefuran은 아세틸콜린의 구조에서 유래된 할로겐을 포함하지 않는 분자이다(그림 2.8).

Dinotefuran은 포유독성 및 어독성이 모두 매우 낮다. 최근 유럽에서는 일부 네오니코티노이드계 살충제가 꿀벌의 집단붕괴현상(colony collapse disorder, CCD)의 원인으로 추정되어 사용을 제한하고 있다.

acetamiprid clothianidin

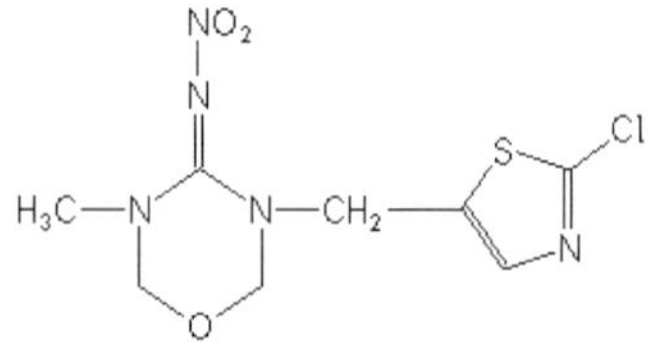

thiamethoxam

그림 2.7 네오니코티노이드계 살충제

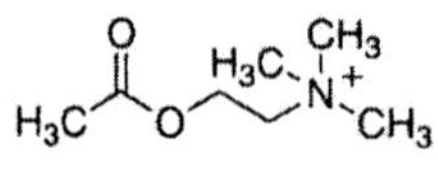

acetylcholine

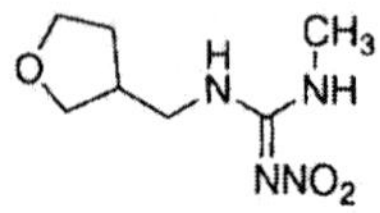

dinotefuran

그림 2.8 Acetylcholine과 dinotefuran

⑧ 마크로라이드계 살충제(macrolide insecticide)

Avermectin은 방선균(*Streptomyces avermitilis*)에서 분리된 살비, 살충, 살선충 활성을 가진 16원환 마크로라이드의 혼합물이며 그중에는 동족체 $A_{1a}$, $A_{1b}$, $A_{2a}$, $A_{2b}$, $B_{1a}$, $B_{1b}$, $B_{2a}$, $B_{2b}$가 있다(그림 2.9).

Avermectin $B_1$이 주성분으로 최저 80%의 $B_{1a}$와 최대 20%의 $B_{1b}$를 포함하고 있는 것이 abamectin이다. Emamectin은 4"-methylamino-4"-deoxy abamectin $B_1(B_{1a} : B_{1b} = 95 : 5)$으로서 그 안식향산염(benzoate)을 emamectin benzoate라 하며 살충, 살비제로 사용되고 있다.

Milbemectin은 *Streptomyces hygroscopicus* subsp. *aureolacrimosus*의 배양대사물 milbenomycin $A_3$(methyl)와 $A_4$(ethyl)의 3 : 7 혼합물로서 살비제, 소나무재선충 방제제로 사용된다. 넓은 스펙트럼을 가지며 모든 발육단계에 효과가 있다.

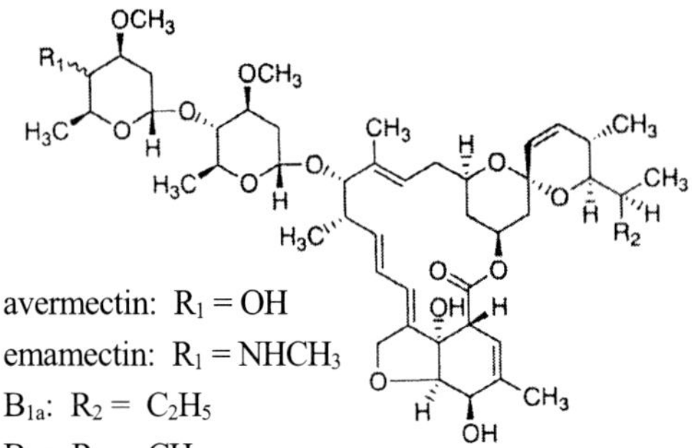

avermectin: $R_1 = OH$
emamectin: $R_1 = NHCH_3$
$B_{1a}$: $R_2 = C_2H_5$
$B_{1b}$: $R_2 = CH_3$

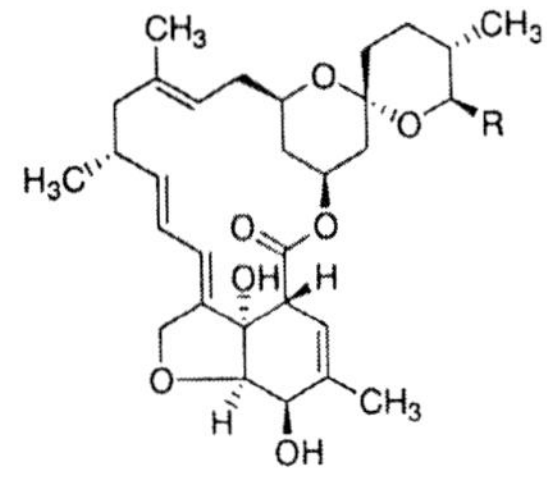

mibemycin $A_3$ : $R = CH_3$
mibemycin $A_3$ : $R = C_2H_5$

그림 2.9 마크로라이드계 살충제

⑨ 디아마이드계 살충제(diamide insecticide)

최근에 개발된 디아마이드계 살충제인 chlorantraniliprole, cyantraniliprole, cyclaniliprole, flubendiamid, tetraniliprole는 라이아노딘 수용체(ryanodine receptor, 근육 수축 시에 $Ca^{++}$의 방출 조절)와 결합하여 해충의 근육을 과도하게 수축시켜 죽게 한다. 이들 약제들은 나방이나 진딧물류에 효과가 있는 것으로 알려져 있다.

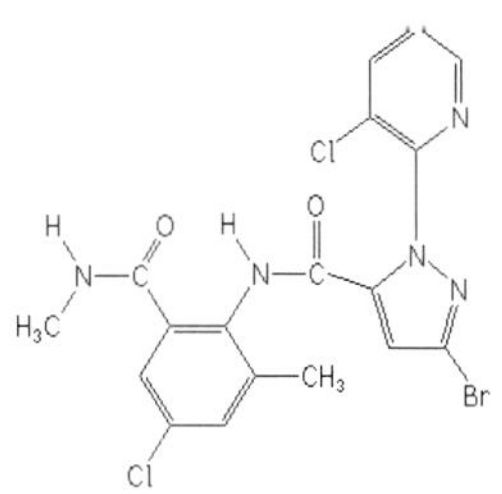

chlorantraniliprole

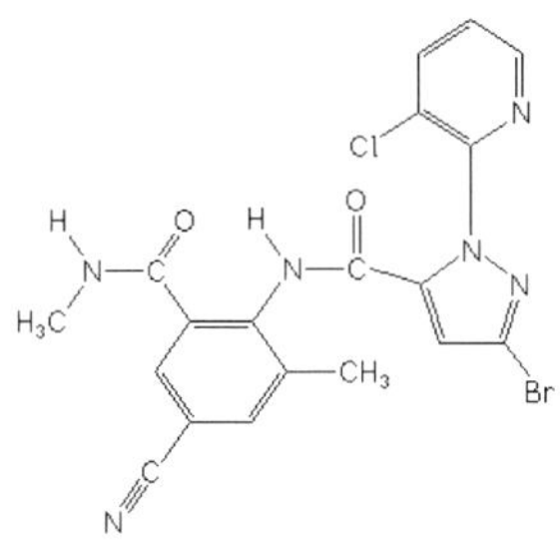

cyantraniliprole

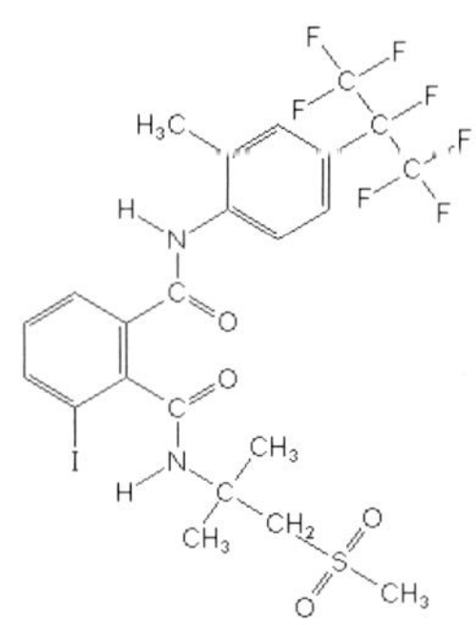

flubendiamid

## 2.2 체내 침입경로에 따른 분류

### 2.2.1 소화중독제(식독제, stomach poison)

약제가 해충의 구기를 통하여 소화관 내에 들어가 중독작용을 일으켜 살충작용을 나타내는 것으로써 나비목 유충, 딱정벌레목, 메뚜기목의 유충이나 성충과 같이 씹는 구기나 핥아먹는 구기를 가진 해충에 주로 사용한다. 대부분의 유기인계나 Bt[*Bacillus thuringiensis*: 단백질성의 내독소(endotoxin)를 생산하여 나비목 유충을 죽게 함]가 여기에 속한다.

사용 방법은 해충이 붙어 있는 식물의 줄기, 잎 등의 앞 · 뒷면에 직접 살포하여 살포된 줄기나 잎을 섭식시키는 방법과 먹이에 섞어서 독먹이로 섭식시키는 방법이 있다.

### 2.2.2 접촉제(contact insecticide)

해충의 체표면에 직접 또는 간접으로 약제를 접촉시켜 기공이나 체표를 통하여 충체 내로 침입시키거나 기문이나 기관을 막히도록 하여 죽게 한다.

접촉제로는 오래전부터 사용되어온 제충국제, 니코틴제, 알카리제, 기계유제를 비롯하여 DDT 등의 유기염소계, fenitrothion, fenthion 등의 유기인계, carbaryl, fenobucarb 등의 카바메이트계, 그리고 deltamethrin과 permethrin 등의 합성피레스로이드계를 들 수 있으며, 그 종류와 수는 아주 많다.

접촉제는 약효가 나타나는 시간의 차이에 따라 제충국제나 니코틴제와 같이 약효가 빨리 나타나는 속효성 살충제와 fenthion과 같이 약효가 비교적 늦게 나타나는 지효성 살충제로 나눈다.

또한 제충국제나 니코틴제와 같이 광선이나 열 등에 불안정하여 해충의 몸에 직접 닿았을 때만 효과를 나타내는 직접 접촉제(direct contact insecticide)와 유기염소계와 같이 잔효성이 길어서 약제 살포 시 약제가 직접 충체 내에 부착되지 않아도 식물체 상에 남아 있다가 접촉하여 체표를 통하여 침투 후 치사효과를 나타내는 잔효 접촉제(residual contact insecticide)가 있다.

### 2.2.3 침투성 살충제(systemic insecticide)

작물의 뿌리, 경엽, 나무의 수간 등 특정 부분에 약제를 스며들게 하여 작물체 전체로 이동시킴으로써 약제를 처리하지 않은 부분에서도 작물을 가해하는 해충이 섭식해서 죽게 하는 약제로서 살충작용은 주로 소화중독을 통해 일어난다.

침투성 살충제는 작물 체내에 약제가 흡수되므로 천적에 직접적인 영향이 거의 없으므로 천적을 보호할 수 있는 장점이 있으며, 작물의 줄기나 잎의 내부에 기생하는 해충(예: 잎굴파리, 혹파리류, 선충류)에도 유효하다. 대표적인 약제로 카보푸란(carbofuran), 이미다클로프리드(imidacloprid) 등이 있다.

### 2.2.4 훈증제(fumigant)

훈증제로 개발된 약제는 분자량이 작아 상온에서 기화되는 약제가 해충의 기문을 통하여 호흡기로 빠르게 침투시켜 해충을 죽게 한다. 사용 시에는 반드시 밀폐된 용기, 실내, 창고, 텐트 등의 제한 공간을 만들어 훈증시킨다. 토양 훈증 시에는 토양에 구멍을 뚫고 약제를 주입한 후 비닐로 덮어 주어야 한다. 저곡해충이나 목질부내 깊이 숨어 있는 가해 해충의 방제에도 적용된다.

훈증제로는 클로로피크린(chloropicrin), 메틸브로마이드(MeBr=methyl bromide, $CH_3Br$), 이황화탄소, ethyl formate, phosphine($PH_3$), $CO_2$, sulfuryl fluoride(SF), EDN(Ethanedinitrile), methyl iodide(MI), methyl isothiocyanate(MITC), propylen oxide, dazomet 등이 있다. 하지만 MeBr는 오존층 파괴물질로, 2015년 전 세계에서 농업용 사용의 전면 감축뿐만 아니라 검역용 감축 권고안이 채택되었다. 따라서 MeBr 대체 약제 개발이 시급히 요구된다.

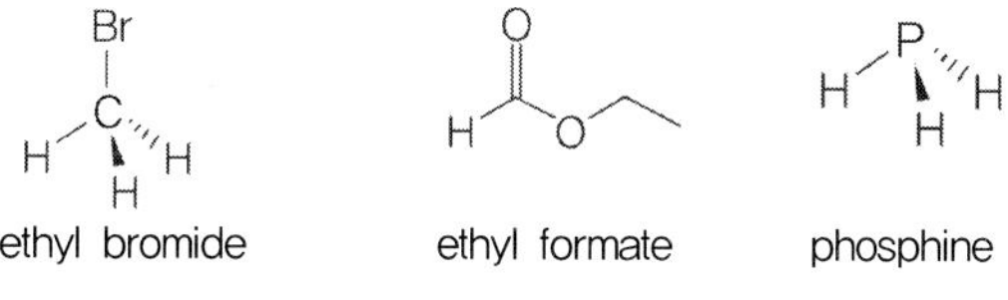


methyl bromide　　ethyl formate　　phosphine

국내에는 농림축산검역본부 식품검역부를 중심으로 훈증제 소독기법에 대한 연구개발을 추진하고 있으며, ethyl formate, phosphine(인화늄, 마그톡신, 포스핀 가스), EDN 등이 농약으로 등록되어 사용하고 있거나 개발 중에 있다.

Ethyl formate($C_3H_6O_2$) 훈증제는 식품 등과 접촉시 빠르게 에탄올과 포름산으로 분해되어 잔류가 거의 없으며 허용농도가 100ppm으로 안전한 물질이나 인화성이 높아 그동안 훈증제로 사용되지 못하였다. 그러나 2005년 $CO_2$를 혼합(16.7% + 83.3%의 $CO_2$)한 실린더 형태가 개발되어 국내에서는 2011년에 등록하여 사용하고 있다. 호주는 토양훈증제, 엽채류, 절화류, 과실류 훈증제 등으로 사용하는 반면 국내에서는 과실류에 대한 검역용 훈증에 한하여 사용한다.

Phosphine($PH_3$) 훈증제는 인화수소라고도 한다. 곡물류를 가해하는 저장해충 방제를 위하여 전 세계적으로 널리 사용해오고 있으며, 인화성이 높아 인화늄(알류미늄 혼합), 마그톡신(마그네슘 혼합)과 같은 정제형태로 사용하였으나, 최근에는 액화 인화수소 또는 이산화탄소와 혼합한 제형이 개발되어 사용되고 있다.

(1) $AlP + 3H_2O \rightarrow PH_3 + Al(OH)_3$

(2) $Mg_3P_2 + 6H_2O \rightarrow 2PH_3 + 3Mg(OH)_2$

EDN($C_2N_2$: ethanedinitrile)은 액체상태로 실린더에 넣어 제조한 것으로 피훈증물에 빠르고 깊게 침투하는 특성이 있으며, 끓는 점이 −21℃로 낮아 저온에서도 소독이 가능하고, 수분에 대한 감수성이 매우 높다. 이러한 이유로 겨울철에 수분 함량이 높은 목재류 소독에 적합하다.

### 2.2.5 유인제(attractant)와 기피제(repellent)

유인제나 기피제는 동물의 후각이나 미각을 통한 주화성(chemotaxis)을 이용하는 것으로 양의 주성(taxis)을 나타내는 유인제, 음의 주성을 나타내는 기피제가 있다. 유인제나 기피제의 대부분은 후각에 의한 것이지만 미각에 의한 것도 있다.

### 1) 성페로몬제

1959년 누에(*Bombyx mori*)의 성페로몬(sex pheromone)인 bombykol이 분리 · 동정된 이래(Butenandt 등, 1959) 과학자들이 살충제를 대체할 수 있는 방제수단으로 이용하기 위하여 많은 해충종에 대해 성페로몬 연구를 활발하게 진행하였다.

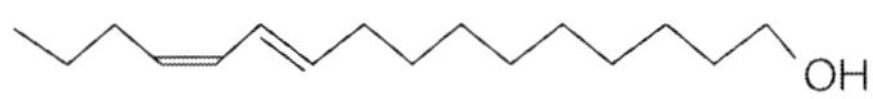

(*E*),(*Z*)–10,12–hexadecadien–1–ol (bombykol)

주로 암컷에서 분비하는 성페로몬을 기반으로 대량유살과 교미교란제가 개발되어 이용되고 있는데, 대량유살은 대상 해충을 대량으로 포획하여 차세대 밀도를 감소시킨다는 장점을 갖고 있으나 암컷을 유인하지 못하는 결점을 갖고 있다. 교미교란제는 현재 가장 친환경적인 해충 밀도 조절 방법이라 할 수 있다. 시판되고 있는 나방류 해충의 성페로몬 성분의 조성비율 및 함량은 표 2.1과 같다.

표 2.1 해충의 페로몬 성분과 비율 및 함량

| 해충명 | 성분 | 부성분 | 비율 | 함량(mg) | 트랩 종류 |
|---|---|---|---|---|---|
| 담배거세미나방 | *Z*9*E*11-14:Ac | *Z*9*E*12-14:Ac | 79:1 | 1 | 펀넬트랩 |
| 파밤나방 | *Z*9*E*12-14:Ac | *Z*9-14:OH<br>*Z*11-16:Ac | 7:3:1 | 1 | 핀넬드랩,<br>수반트랩 |
| 담배나방 | *Z*9-16:Ald | *Z*11-16:Ald<br>*Z*9-16:Ac | 20:1:4 | 1 | 콘트랩 |
| 배추좀나방 | *Z*11-16:Ald | *Z*9-16:Ac | 70:30 | 1 | 끈끈이트랩,<br>수반트랩 |
| 복숭아명나방 | *E*10-16:Ald | *Z*10-16:Ald | 90:10 | 1 | 끈끈이트랩,<br>펀넬트랩 |

국내에는 30여 종의 해충을 대상으로 발생예찰에 이용하고 있다. 일부 해충을 대상으로 대량유살 또는 교미교란제로서 해충방제에 직접 이용하고 있다. 대부분이 외국의 완제품을 구입하여 이용하거나 국내에서 연구된 조성 및

비율을 이용하여 제조 · 판매하고 있다.

2) **비페로몬제**

Methyl eugenol은 광대파리류의 수컷을 유인하므로 살충제와 혼합해서 방제한다.

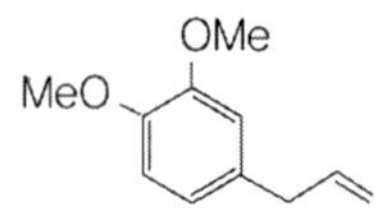

methyl eugenol

또 솔수염하늘소 유살에 terpene oil(油), pinene oil 등이 이용되고 있다.

3) **기피제**

농작물이나 인축에 접근하지 못하게 하는 약제를 말하며, 의류 해충에 대해서는 나프탈렌(naphthalene)을 오래전부터 이용해 왔고, diethyltoluamide (DEET)는 모기 기피제로 널리 사용되고 있다.

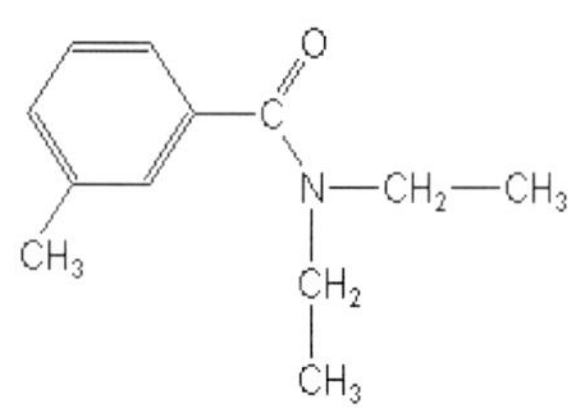

diethyltoluamide

### 2.2.6 화학불임제(chemosterillant)

곤충 생식기관의 발육을 저해하거나 생식세포의 발육 또는 생리 저해를 일으켜 생식능력을 잃게 하는 약제를 말한다. 불임제는 수컷성불임제, 암컷성불임제, 양성불임제로 나눈다. 작용기작에 따라 알킬화제(alkylating agent)로는 apholate, metepa, tepa 등이 있고, 항대사물질(antimetabolite)로는 aminopterin, thiouracil, methotrexate 등이 있다. 그 외 nitrogen mustard는 DNA 복제를 저해한다.

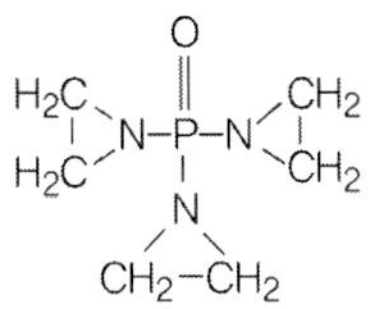

tepa

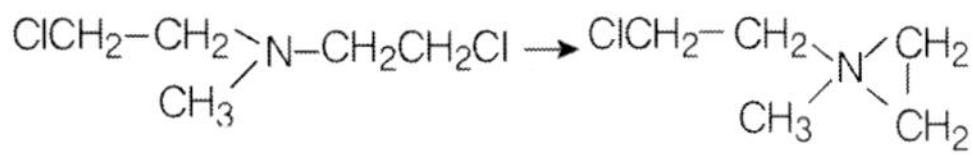

nitrogen mustard

불임화 원인에는 정자나 알의 사멸 또는 형성저해, 유전자의 돌연변이, 염색체 이상 등이 있다. 수컷불임제의 경우에는 정자가 정상적으로 활동하면서 돌연변이, 염색체 이상 등을 일으켜 번식을 불가능하게 하거나 저해함으로써 불임작용을 한다.

살충제와 화학불임제의 방제효과 비교는 두 처리제 모두 90%의 살충과 불임효과가 있다는 가정 하에 개체군의 기대되는 번식 상황을 표 2.2에 나타내었다. 이 결과에서 이론적으로는 90%의 살충효과는 증식을 90% 감소시키는데 반하여 90%의 불임화는 증식을 99% 감소시키므로 화학불임제가 더 효과적임을 알 수 있다.

표 2.2 제1세대의 번식에 미치는 관행 살충제와 화학불임제의 이론적 효과

| 처리 | 해충수 | 살충 또는 불임의 정도 (%) | 생존 개체수 | | 번식가능 개체수 | 증식률 (배) | 자손수 |
|---|---|---|---|---|---|---|---|
| | | | 정상 | 불임 | | | |
| 화학살충제 | 1,000,000 | 90 | 100,000 | 0 | 100,000 | 5 | 500,000 |
| 화학불임제 | 1,000,000 | 90 | 100,000 | 900,000 | 10,000 | 5 | 50,000 |

불임제가 성공하기 위해서는 파리, 모기, 배추흰나비 등과 같이 1회 교미하는 암컷에 효과적이다. 예를 들면 한번 교미한 암컷은 다른 수컷이 가까이 오면 교미를 거부하는데, 이러한 교미억제 반응은 수정 시 수컷의 생식부속샘에서 분비된 교미거부물질이 암컷에 전달되었기 때문이다. 이 물질을 미교미 암컷의 체내에 주사하면 교미거부 반응을 유발하는 것으로 알려져 있다. 교미거부 반응물질은 일종의 페로몬인데 수용성 저분자물질로 곤충의 피부 투과성이 낮아 살충제로 실용화하는 데는 문제가 있다.

## 2.3 보조제(auxillary substance)

살충제의 효력을 충분히 발휘하기 위하여 첨가하는 보조물질을 총칭하며, 주성분(효력을 갖는 물질; 여기서는 살충제)의 물리적 성질을 개선하는 것이 목적이다. 보조제는 다음과 같이 분류한다.

2.3.1 용제(solvent): 약제의 용해에 쓰이는 것으로 벤졸, 자이렌, 나푸사, 디메틸 푸타레인 등이 있다.

2.3.2 유화제(emulsifier): 약제를 물에 혼합하였을 때 기름입자가 균일하게 수중에 분산되어 큰 입자로 모이거나 층을 만드는 것을 방지하기 위한 것으로 비누, 황산화유, 비이온성 계면활성제 등이 있다.

2.3.3 희석제(diluents) 또는 증량제(carrier): 약제의 주성분의 농도를 낮게 하기 위하여 쓰이는 것으로 탈크(talc), 벤토나이트(bentonite), 규조토, 카올린(kaolin) 등이 있다.

2.3.4 전착제(spreader): 약제에 현수성(고체상의 미세입자가 용액 중에 균일하게 분산되게 하는 것), 확전성(살포면을 습하게 하고 퍼지는 것을 도움), 고착성(작물체에 약제가 오래 붙어 있게 하는 것) 등을 높이기 위해 사용되는 것으로 살충제용 비누, 비이온성 계면활성제 등이 있다.

2.3.5 협력제(synergist): 협력제는 그 자체만으로는 살충력이 없으나 혼용되는 살충제의 살충효과를 증진시켜 주는 작용을 한다. 협력제로는 piperonyl butoxide, sulfoxide, sesamin, sesamolin 등이 있다.

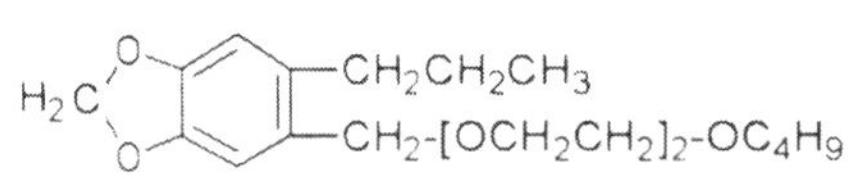


piperonyl butoxide

## 연습문제

### 주관식

1. 유기합성 살충제를 화학적으로 분류하고 살충작용을 간단히 설명하시오.

2. 살충제의 체내 침입경로에 따라 분류하고 간단히 설명하시오.

3. 보조제의 종류와 역할을 설명하시오.

### 객관식

1. 다음 중 유기합성 살충제가 아닌 것은?
① 황산구리 ② 유기인계
③ 유기황계 ④ 카바메이트계

2. 다음 중 약제의 유효성분을 가스상태로 만들어 해충을 방제하는 살충제는?
① 훈증제 ② 접촉제 ③ 불임제 ④ 보조제

3. 다음 중 합성피레스로이드계 살충제가 아닌 것은?
① deltamethrin ② carbofuran ③ fenvalerate ④ etofenprox

4. 다음 중 유기인계 살충제가 아닌 것은?
① fenitrothion ② carbofuran ③ diazinon ④ malathion

5. 다음 중 곤충성장조절제 살충제는?
① deltamethrin ② carbofuran ③ diflubenzuron ④ benfuracarb

6. 다음 중 네오니코티노이드계 살충제가 아닌 것은?
① imidacloprid ② dinotefuran ③ thiamethoxam ④ novaluron

**7.** 다음 중 보조제가 아닌 것은?

① 용제　② 전착제　③ 살비제　④ 유화제

**8.** 다음 중 협력제가 아닌 것은?

① phosphine　② piperonyl butoxide　③ sulfoxide　④ sesamin

**9.** 다음 중 훈증제에 해당되지 않은 것은?

① EDN　② ethyl formate　③ phosphine　④ DEET

**10.** 다음 중 모기 기피 약제는?

① phenthoate　② DEET

③ carbosulfan　④ chlorantraniliprole

**11.** 작물의 뿌리, 경엽, 나무의 수간 등 특정 부분에 약제를 스며들게 하여 작물체 전체로 이동시킴으로써 약제를 처리하지 않은 부분에서도 작물을 가해하는 해충이 섭식해서 죽게 하는 약제이다. 이러한 작용특성을 갖는 살충제는?

① 접촉제　② 식독제　③ 침투성 살충제　④ 훈증제

**12.** 다음 중 곤충 화학불임제가 아닌 것은?

① abamectin　② tepa　③ apholate　④ metepa

**13.** 다음 중 유기인계와 벤조일우레아계 살충제로 연결된 것은?

① fenvalerate-bensultap　② cypermethrin-indoxcarb

③ fenitrothion-deltamethrin　④ fenitrothion-chlorfluazuron

**14.** 아래의 화학구조를 기본으로 되어 있는 살충제는?

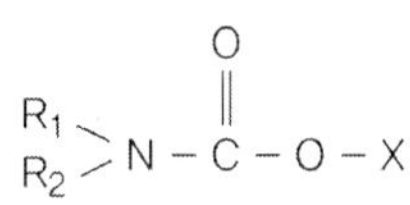

① fluvalinate　② pirimicarb　③ fenvalerate　④ cartap

**15**. 아래의 화학구조를 기본으로 되어 있는 살충제는?

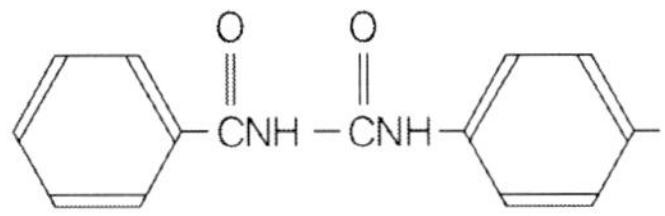

① imidacloprid ② pirimicarb ③ bistrifluron ④ ethyl formate

**16**. 다음 인(P)을 중심으로 황(S)이 이중결합되어 있는 살충제는?

① fenitrothion ② methomyl ③ deltamethrin ④ bensultap

정 답

1. ① 2. ① 3. ② 4. ② 5. ③ 6. ④ 7. ③ 8. ① 9. ④ 10. ② 11.③ 12. ① 13. ④ 14. ② 15. ③ 16. ①

# Chapter 03

## 살비제, 살선충제 등 분류

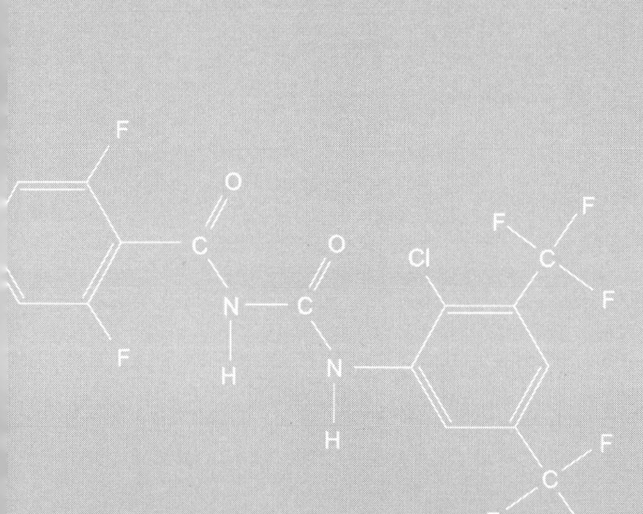

## 3.1 살비제(응애약, acaricide, miticide)

응애(mite)는 분류학상 절족동물문(Arthropoda), 거미강(Arachnida)의 응애목(Acarina)에 속하며 형태 · 생리적 특성이 곤충과는 구별된다. 응애류는 농작물을 가해하는 잎응애, 혹응애, 먼지응애, 뿌리응애 등이 있다.

응애 방제약제로서 제2차 세계대전 이전에는 월동기에는 기계유제, 봄에는 석회 유황합제를 사용하였으나, 제2차 세계대전 이후에는 유기합성 살충제의 개발과 더불어 응애방제 전용약제가 개발되었다.

1950년대까지 잎응애 방제에 사용하던 parathion, EPN 등 살충성분을 지닌 유기인계는 성충 방제에는 효과가 있었으나, 살란(殺卵) 효과가 거의 없고, 천적에도 피해를 주어 살비제로서 선호하지 않게 되었다. 응애류 방제약제는 성충뿐만 아니라 알까지 죽일 수 있어야 살비제로서의 실용성이 높다.

1950년대 이후 개발된 유기염소계(organochloride) 약제인 디니토로페놀계(dinitrophenol)는 성충뿐만 아니라 알에 대한 살란 효과가 높았다.

또 유기주석계 화합물인 fenbutatin oxide와 마크로라이드(항생물질)계인 hexythiazox, milbemectin, 페녹시피라졸계인 fenpyroximate, 피리다지논계인 pyridaben이 살비제로 개발되었다.

주요 살비제는 아래와 같다(그림 3.1).

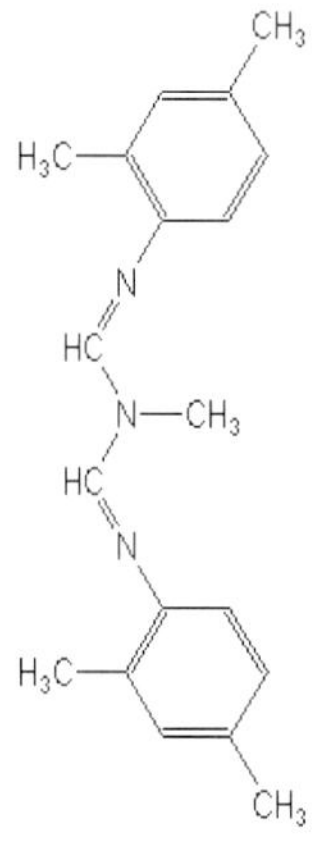

amitraz

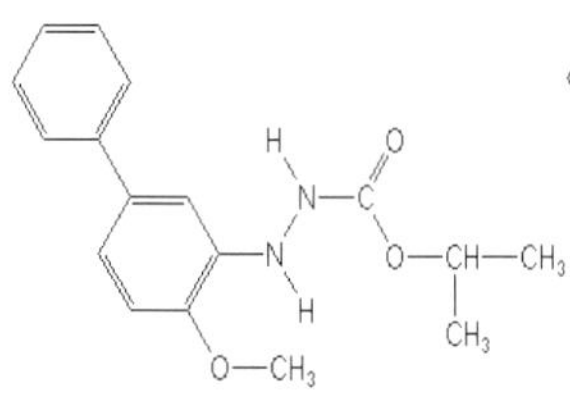

abamectin

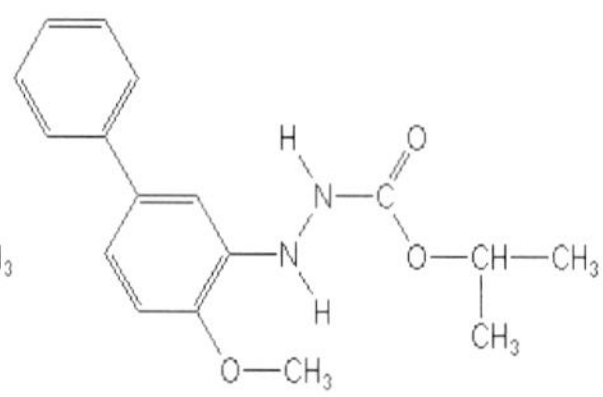

bifenazate

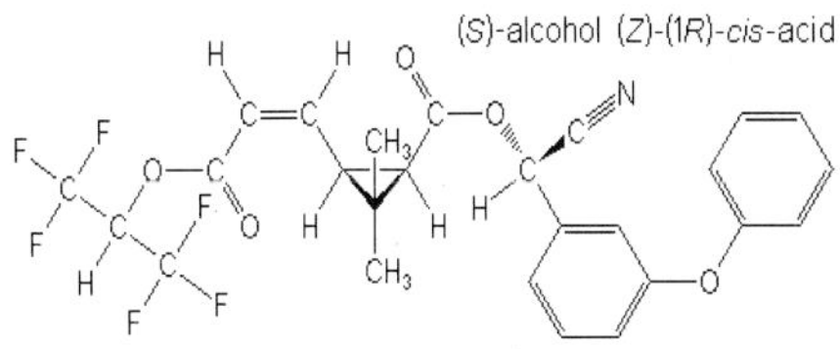


acrinathrin

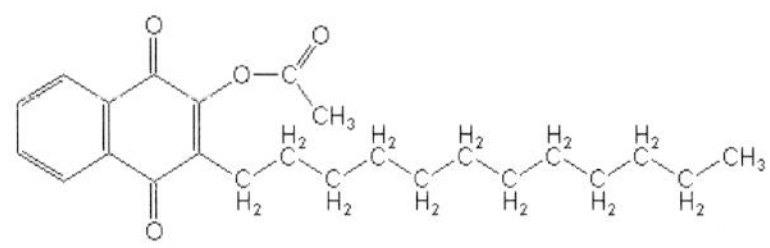

acequinocyl

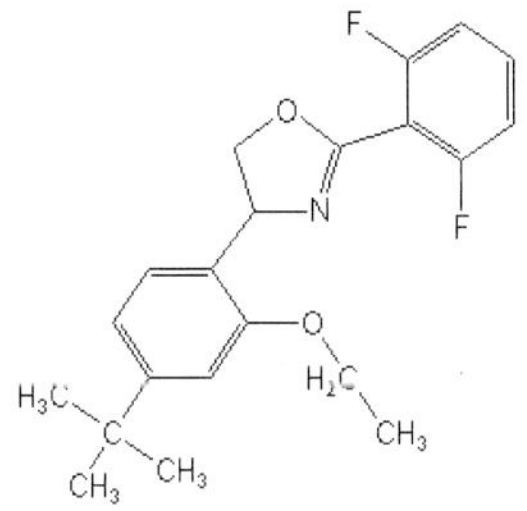

etoxazole

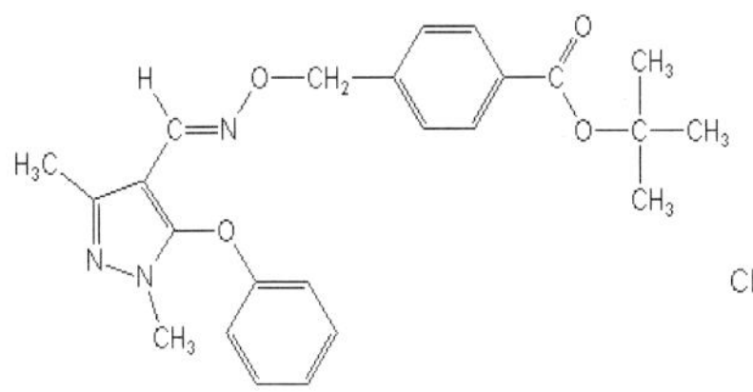

fenpyroximate

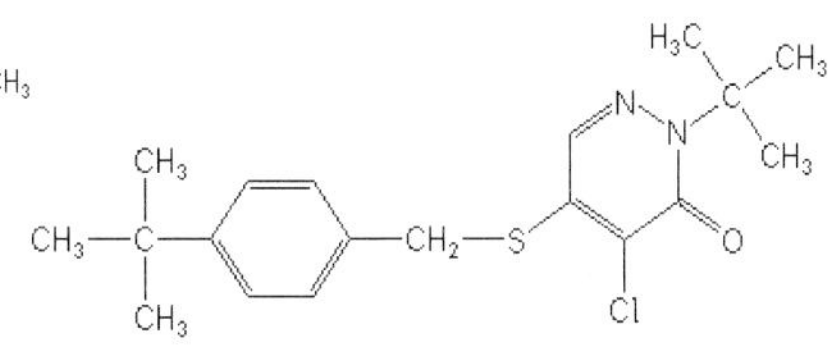

pyridaben

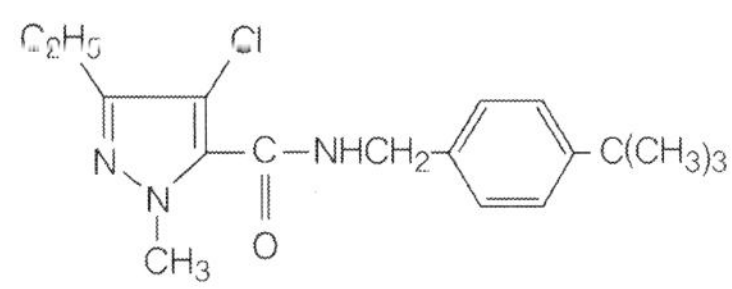

tebufenpyrad

**그림 3.1** 살비제

약제 개발에 어려움을 겪는 응애류는 생리 · 생태적 특성 때문에 약제 저항성이 발달하기 쉬운데 그 이유는 다음과 같다.

① 도태압을 가했을 때 약제처리 면적에 비해 응애 활동범위가 좁으므로 비교적 균질하게 도태되기 쉽다.

② 응애는 일반적으로 발육기간이 짧고, 발생횟수가 많기 때문에 도태 기회가 많다.
③ 응애의 성 결정은 반수체(haploid)-배수체(diploid)의 관계로 이루어진다. 수컷은 반수체이므로 저항성 유전인자의 획득시 저항성 개체로 발달하므로 저항성 암컷 개체와의 교미를 통해 저항성이 발달하기 쉽다.
④ 이동거리가 짧기 때문에 근친교배가 일어나기 쉬워 저항성 인자의 고착이 쉽다.

따라서 응애류를 효과적으로 방제하기 위해서는 다음과 같은 조건을 갖추어야한다.

① 알, 유충 및 성충에 대한 효과가 있어야 한다.
② 약제 저항성 유발이 적어야 한다.
③ 천적 및 유용생물에는 안전하여야 한다.
④ 여러 종류의 응애에 효과가 있어야 한다.
⑤ 격발현상(resurgence)이 없어야 한다.

### 3.1.1 유기유황계 살비제

Chlrofenson은 침투이행성 약제로서 살란효과는 있으나 성충에 효과가 낮으며 약효 지속기간이 길다. Tetradifon은 비침투성의 접촉독작용제로 응애의 성충이나 유충에는 효과가 없다. 그러나 약제에 접촉된 성충(암컷)이 산란한 알은 부화되지 않거나 부화된 유충에 효과가 나타나며, 약효 지속기간은 길다. Propargite은 속효성 및 지효성 효과가 우수하며 응애류의 성충, 약충에 효과적으로 작용한다(그림 3.2).

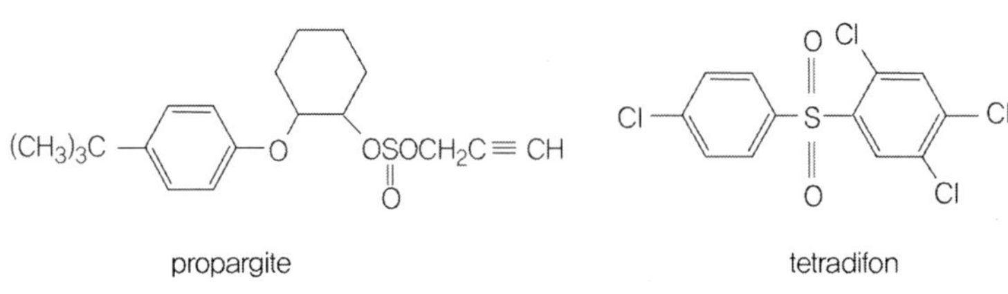


그림 3.2 유기유황계 살비제

### 3.1.2 유기주석계 살비제

Azocyclotin은 잎응애류의 성충, 유충에 효과가 있으며, fenbutatin oxide는 잎응애류의 유충 및 탈피 직후의 성충에 효과가 있고, 약효 지속기간이 길므로 응애 발생을 억제하는 효과도 있다.

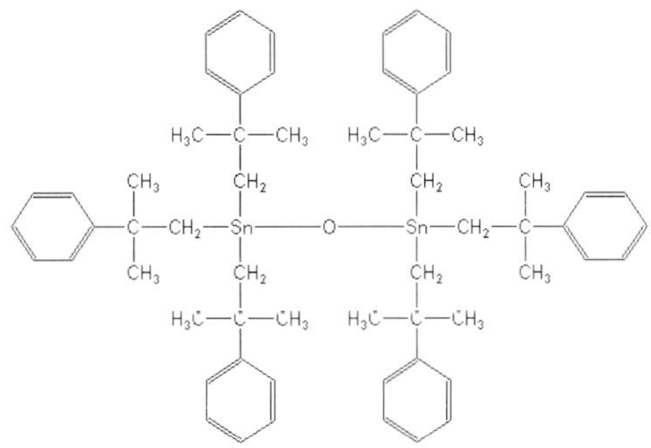

fenbutatin oxide

### 3.1.3 마크로라이드계 살비제

Hexythiazox는 성충에 대한 살비 효과는 없으나 약충에 효과가 높으므로 발생 초기에 뿌리는 것이 좋다. Milbemectin은 광범위한 잎응애류의 모든 생육기에 대하여 높은 활성을 나타내고, 살비제에 저항성을 갖는 잎응애류에도 효과를 나타낸다.

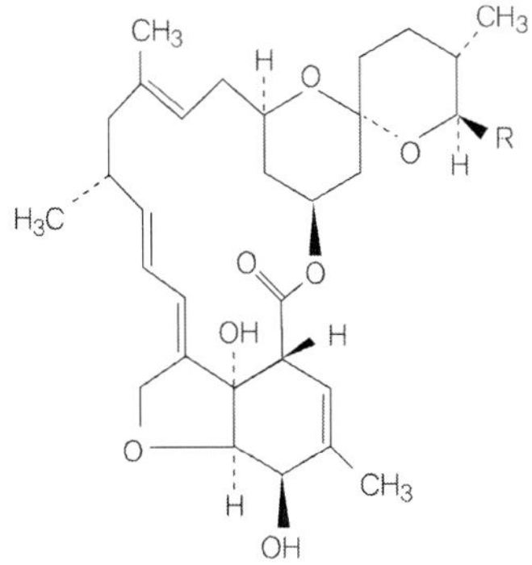

Milbenomycin $A_3$ : R = $CH_3$,

Milbenomycin $A_4$ : R = $C_2H_5$

milbemectin

### 3.1.4 기타 살비제

- Acrinathrin: 합성피레스로이드계 살비제로 응애의 모든 발육단계에 걸쳐 효과를 나타내며 속효적이다.
- Bifenazate: 카바제이트계로 응애의 모든 발육단계에 걸쳐 효과를 나타내며 속효적이다. 특히 저항성 응애에 효과를 나타낸다.
- Clofentezine: 테트라진계 살비제로 알, 약충방제에 효과적이다.
- Etoxazole: 옥사졸린계 화합물로 성충에 대한 살충효과는 거의 없으나 불임효과, 알 및 유·약충에 대한 효과가 우수한 지효성 살비제이다.
- Fenazaquin: 퀴나졸린계 살비제로서 응애의 알, 유충, 약충, 성충의 모든 발육단계에 걸쳐 효과가 우수하다.
- Flufenoxuron: 아씰우레아계 살비제로 알, 약충에 효과가 있고 성충에는 효과가 떨어진다. 성충 밀도가 높으면 효과가 더 떨어지므로 사용을 피하는 것이 좋다.
- Fenpyroximate: 페녹시피라졸계 살비제로 응애의 모든 발육단계에 걸쳐 효과가 우수하다.
- Spirodiclofen: 테트로닉산계 화합물로 알, 유·약충에 효과가 우수하다. 침투성이 없기 때문에 잎의 앞뒷면에 약액이 충분히 묻도록 뿌린다.

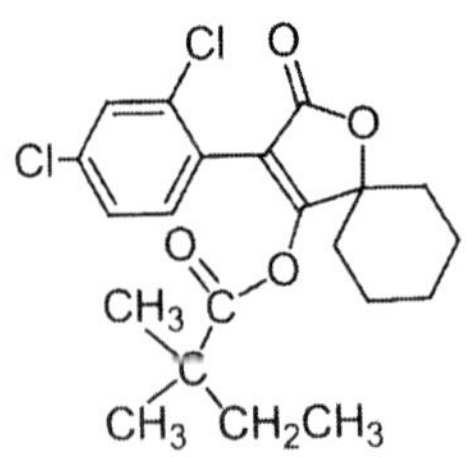


spirodiclofen

## 3.2 살선충제(선충약, nematicide)

1940년대 이후 토양선충이 문제 해충으로 등장하였다. 선충 전문방제약제인 methyl bromide, D-D($ClCH=CHCH_2Cl$), EDB($BrCH_2Br$), DBCP 등

의 할로겐화 탄화수소계 화합물은 높은 증기압을 가지고 있어 훈연제로 사용되었다.

살선충제는 식물체 내에 기생하는 선충을 죽이는 약제와 토양에 있는 선충을 죽이는 약제가 있다. 시판되고 있는 약제들의 특성을 보면 아래와 같다.

- Fosthiazate(상표명: 선충탄): 유기인계 살선충제로 침투이행성을 가지고 있으므로 토양 혼화 처리하여 선충을 효과적으로 방제할 수 있는 선충 전문약제이다.

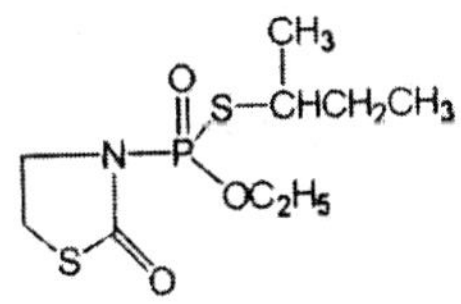

fosthiazate

- Mesulfenfos, levamisol, morantel tatrate: Mesulfenfos는 MPP (fenthion)의 대사산물로서 소나무에 주입하면 소나무재선충의 침입과 증식을 방지한다. 또 levamisol, morantel tatrate(주석산모란텔)은 동물의 구충제로 소나무에 주입하면 소나무재선충의 침입과 증식을 방지한다.

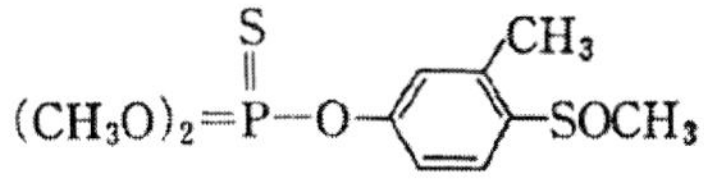

Mesulfenfos

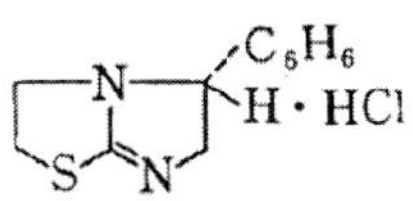

levamisol

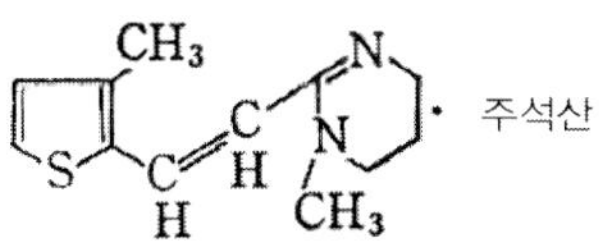

morantel tatrate

- Oxamyl: 침투성 살선충제로서 살선충력은 약하지만 야채류의 뿌리 근처에 관주하면 뿌리로 흡수되어 선충의 침입을 방지한다. 응애, 진딧물, 총채벌레 등에 대해서도 효과가 있으나, 인축독성이 강하기 때문에 사용에 주의해야 한다.

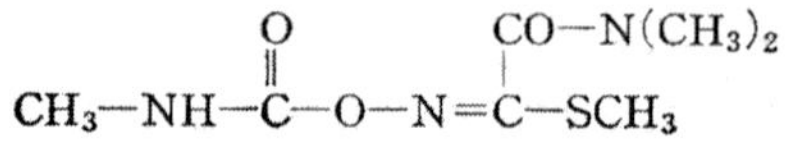

oxamyl

- Dazomet: 경운한 토양에 약제를 균일하게 살포한 후, 토심 15~25cm 깊이로 혼화하면 뿌리혹선충뿐만 아니라 식물병에 살균효과를 나타낸다.
- Cadusafos: 유기인계 약제로 뿌리혹선충뿐만 아니라 토양 해충에도 효과가 있다. 토양 혼화 시에는 약제가 골고루 섞이도록 약제를 토양 표면에 뿌린 뒤 경운 또는 로타리 작업을 한 후 작물을 정식 또는 파종한다.
- Metam-sodium: 소나무재선충뿐만 아니라 딱정벌레 유충방제의 훈증제로 사용된다. 참외 등의 작물에 처리할 때는 파종 또는 정식 4주 전에 토양처리한다.

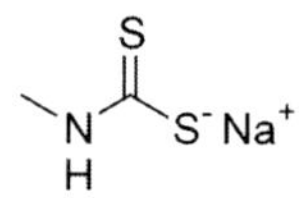

metam-sodium

- Ethoprophos: 유기인계 살충제로 토양해충뿐만 아니라 선충에도 우수한 효과를 나타낸다.

## 3.3 살연체동물제(달팽이약, molluscicide)

살연체동물제는 정원, 온실, 농장 등의 식물 숙주에 기생하여 중요한 영양분을 흡수하는 달팽이류의 방제에 사용되는 화합물이다.

- Methiocarb: 카바메이트계 약제로 생육 중인 토양 표면에 적당한 간격으로 골고루 뿌려 놓으면 달팽이가 유인되어 먹고 죽는다. 달팽이는 밤에

활동하므로 저녁 무렵에 살포하는 것이 효과적이다.

- Metaldehyde: 접촉과 섭식 독성 작용을 갖고 있는 이 약제는 유인하여 살충하는 미끼제로서 토양 표면에 뿌려주면 달팽이가 먹고 죽게 된다.

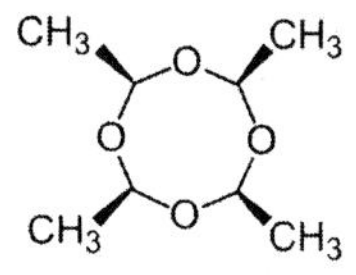

metaldehyde

## 3.4 살서제(쥐약, rodenticide)

우리나라에서는 살서제를 식품의약품안전처에서 의약외품으로 관리하고 있으나, 외국에서는 쥐가 농작물 재배 및 생산물에 미치는 피해가 매우 커서 농약으로 취급하고 있다.

쥐 방제에 사용되고 있는 약제는 coumarin계의 warfarin, coumatetralyl, flocoumafen이 있다. 쥐의 간에 작용하여 prothrombin 생성을 억제하여 혈액응고를 저지한다. 따라서 쥐가 연속적으로 섭취하게 되면, 항혈액응고제 효과를 나타내어 내장 출혈을 초래하고 빈혈과 폐출혈로 질식해 죽게 된다(그림 3.2).

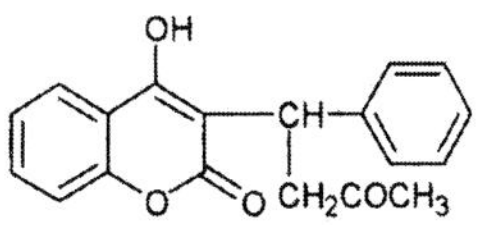

warfarin

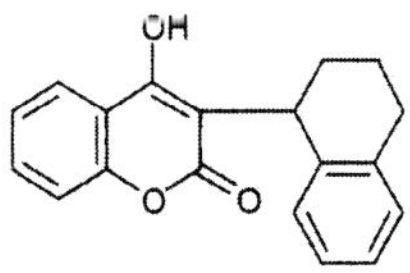

coumatetralyl

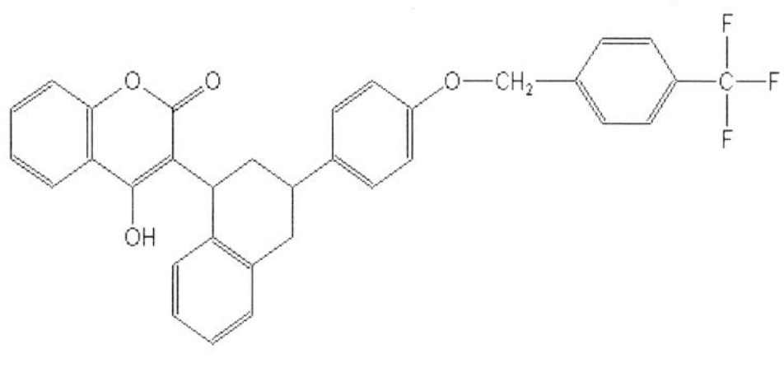

flocoumafen

그림 3.2 살서제

## 연습문제

### 주관식

**1.** 살비제의 종류와 작용특성을 설명하시오.

**2.** 국내에 사용되고 있는 살서제의 종류와 작용을 설명하시오.

### 객관식

**1.** 다음 중 살비제(응애약)가 아닌 것은?

① bifenazate ② methoxyfenozide ③ acequinocyl ④ etoxazole

**2.** 다음 중 응애류를 효과적으로 방제하기 위하여 살비제가 갖추어야할 조건이 아닌 것은?

① resurgence(격발)현상이 있어야 한다. ② 천적 및 유용생물에 안전해야 한다.
③ 약제 저항성 유발이 없어야 한다. ④ 여러 종류의 응애에 효과가 있어야 한다.

**3.** 다음 중 유기주석계 살비제에 해당하는 것은?

① fenpyroximate ② tetradifon
③ propagite ④ fenbutatin oxide

**4.** 다음 중 살선충제(선충약)에 해당하는 것은?

① fosthiazate ② clothianidin
③ pyridaben ④ cartap

**5.** 다음 중 살연체동물제(달팽이약)에 해당하는 것은?

① imidacloprid ② deltamethrin
③ metaldehyde ④ permethrin

**6.** 다음 중 살서제(쥐약)에 해당하는 것이 아닌 것은?

① warfarin ② cypermethrin
③ coumatetralyl ④ flocoumafen

**7.** 살연체동물제 또는 살서제에 대한 설명으로 바른 것은?

① 살연체동물제란 달팽이류의 방제에 사용하는 화합물이다.

② 살연체동물제는 아침에 약제를 처리하면 효과가 크다.

③ 살서제는 우리나라에서 농약으로 분류된다.

④ 살서제는 주로 피부접촉에 작용하여 효과를 나타낸다.

정 답

1. ② 2. ① 3. ④ 4. ① 5. ③ 6. ② 7. ①

# Chapter 04

## 살충제의 작용기작

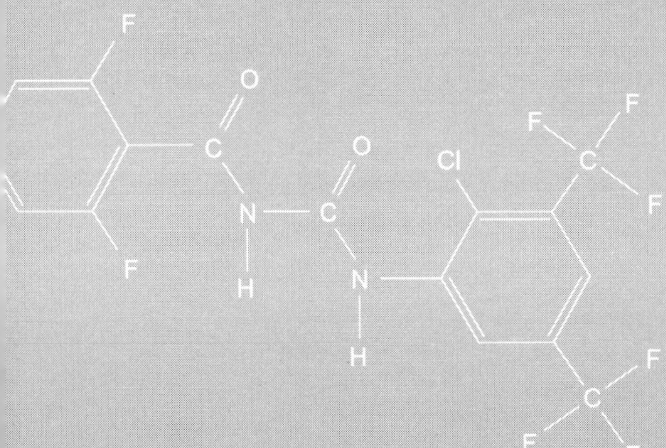

농작물과 인축에 피해를 주는 곤충류, 응애류, 선충류의 방제에 사용되는 약제 중 신경계 저해제, 에너지대사 저해제 및 성장 조절제의 구조와 작용기작을 중심으로 설명하고자 한다. 살충제가 단순한 독물이 아닌 유용한 농업자재로서의 역할을 수행하기 위해서는 표적 해충에 선택적으로 살충활성을 보이며 인간을 포함한 비표적 생물에는 해가 없어야 한다.

살충제, 살비제는 다양한 방법으로 분류된다(Tomlin, 2006; 桑野 등, 2005; 本田 등, 1996; www.alanwood.net; www.irac-online.org).

첫째, 화합물의 공통구조에 따라 (1) 유기인계 (2) 카바메이트계 (3) 피레스로이드계 (4) 네오니코티노이드계 (5) 벤조일페닐우레아계 (6) 마크로라이드계로 나눌 수 있다. 그러나 구조가 다르지만 같은 작용을 하는 약제나, 그룹을 형성하지 않지만 독특한 작용을 하는 약제도 있다.

둘째, 작용기작에 따라 (1) 신경계 저해제 (2) 에너지대사 저해제 (3) 성장 조절제 등으로 분류할 수 있다.

셋째, 살충제의 작용점인 진입경로에 따라 (1) 표피에서 곤충체 내로 침투하는 접촉제 (2) 경구적으로 침투하는 식독제 (3) 호흡기관으로 침투하는 훈증제 등으로 나눈다.

본장에서는 살충제의 작용기작을 IRAC(Insecticide Resistance Action Committe, 살충제 저항성 위원회)에서 제시한 28그룹 살충제의 분류기준을 참고하였다(표 4.1)(www.irac-online.org; 농촌진흥청 국립농업과학원, 2013).

표 4.1 살충제의 작용기작 분류(mode of action classification)

(IRAC 자료)

| 주요 그룹/1차 작용점 | 화합물의 분류 | 살충제·살비제 |
|---|---|---|
| 1 Acetylcholinesterase (AChE) inhibitors (Nerve action) | **1A** Carbamates | Bendiocarb, Benfuracarb, Carbaryl, Carbofuran, Carbosulfan, Fenobucarb, Isoprocarb, Methomyl, Pirimicarb, Propoxur, Thiodicarb |
| | **1B** Organophosphates | Acephate, Cadusafos, Chlorpyrifos, Chlorpyrifos- methyl, Coumaphos, |

| 주요 그룹/1차 작용점 | 화합물의 분류 | 살충제 · 살비제 |
|---|---|---|
| | | Diazinon, Dichlorvos/DDVP, Fenitrothion, Fenthion, Fosthiazate, Malathion, Mecarbam, Methidathion, Monocrotophos, Parathion, Phenthoate, Pirimiphos-methyl, Profenofos, Prothiofos, Pyraclofos, Pyridaphenthion, Temephos |
| 2 GABA-gated chloride channel antagonists (Nerve action) | **2A** Cyclodiene organochlorines | Chlordane, Endosulfan |
| | **2B** Phenylpyrazoles | Ethiprole, Fipronil |
| 3 Sodium channel modulators (Nerve action) | **3A** Pyrethroids, Pyrethrins | Acrinathrin, Bifenthrin, Bioresmethrin, Cyfluthrin, Cyhalothrin, Cypermethrin, Deltamethrin, Esfenvalerate, Etofenprox, Fenpropathrin, Fenvalerate, Permethrin, Phenothrin, Pyrethrins, Silafluofen, Tefluthrin, Tetramethrin |
| | **3B** Organochlorines | DDT, Methoxychlor |
| 4 Nicotinic acetylcholine receptor (nAChR) agonists (Nerve action) | **4A** Neonicotinoids | Acetamiprid, Clothianidin, Dinotefuran, Imidacloprid, Nitenpyram, Thiacloprid, Thiamethoxam |
| | **4B** Nicotine | Nicotine |
| | **4C** Sulfoxaflor | Sulfoxaflor |
| 5 nAChR allosteric activators (Nerve action) | **5** Spinosyns | Spinetoram, Spinosad |
| 6 Chloride channel activators (Nerve and muscle action) | **6** Avermectins, Milbemycins | Abamectin, Emamectin benzoate, Lepimectin, Milbemectin |
| 7 Juvenile hormone mimics (Growth regulation) | **7A** Juvenile hormone analogues | Hydroprene, Kinoprene, Methoprene |
| | **7B** | Fenoxycarb |
| | **7C** | Pyriproxyfen |
| 8 Miscellaneous non-specific (multi-site) inhibitors | **8A** Alkyl halides | Methyl bromide and other alkyl halides |
| | **8B** | Chloropicrin, Sulfuryl fluoride |

| 주요 그룹/1차 작용점 | 화합물의 분류 | 살충제 · 살비제 |
|---|---|---|
| 9 Selective homopteran feeding blockers (Nerve action) | **9B** | Pymetrozine |
| | **9C** | Flonicamid |
| 10 Mite growth inhibitors (Growth regulation) | **10A** | Clofentezine, Hexythiazox, Diflovidazin |
| | **10B** | Etoxazole |
| 11 Microbial disruptors of insect midgut membranes | **11Bt** | *Bacillus thuringiensis* subsp. *israelensis*<br>*Bacillus thuringiensis* subsp. *aizawai*<br>*Bacillus thuringiensis* subsp. *kurstaki* |
| 12 Inhibitors of mitochondrial ATP synthase (Energy metabolism) | **12A** | Diafenthiuron |
| | **12B** Organotin miticides | Azocyclotin, Cyhexatin, Fenbutatin oxide |
| | **12C** | Propargite |
| | **12D** | Tetradifon |
| 13 Uncouplers of oxidative phosphorylation via disruption of the proton gradient (Energy metabolism) | **13** | Chlorfenapyr, DNOC, Sulfluramid |
| 14 nAChR channel blockers (Nerve action) | **14** Nereistoxin analogues | Bensultap, Cartap hydrochloride, Thiocyclam, Thiosultap-sodium |
| 15 Inhibitors of chitin biosynthesis, type 0 (Growth regulation) | **15** Benzoylureas | Bistrifluron, Chlorfluazuron, Diflubenzuron, Flucycloxuron, Flufenoxuron, Hexaflumuron, Lufenuron, Novaluron, Noviflumuron, Teflubenzuron, Triflumuron |
| 16 Inhibitors of chitin biosynthesis, type 1 (Growth regulation) | **16** | Buprofezin |
| 17 Moulting disruptor, Dipteran (Growth regulation) | **17** | Cyromazine |
| 18 Ecdysone receptor agonists (Growth regulation) | **18** Diacylhydrazines | Chromafenozide, Halofenozide, Methoxyfenozide, Tebufenozide |

| 주요 그룹/1차 작용점 | 화합물의 분류 | 살충제·살비제 |
|---|---|---|
| 19 Octopamine receptor agonists (Nerve action) | **19** | Amitraz |
| 20 Mitochondrial complex III electron transport inhibitors (Energy metabolism) | **20A** | Hydramethylnon |
| | **20B** | Acequinocyl |
| | **20C** | Fluacrypyrim |
| 21 Mitochondrial complex I electron transport inhibitors (Energy metabolism) | **21A** | Fenazaquin, Fenpyroximate, Pyrimidifen, Pyridaben, Tebufenpyrad, Tolfenpyrad |
| | **21B** | Rotenone (Derris) |
| 22 Voltage-dependant sodium channel blockers (Nerve action) | **22A** | Indoxacarb |
| | **22B** | Metaflumizone |
| 23 Inhibitors of acetyl CoA carboxylase. (Lipid synthesis, growth regulation) | **23** Tetronic and Tetramic acid derivatives | Spirodiclofen, Spiromesifen, Spirotetramat |
| 24 Mitochondrial complex IV electron transport Inhibitors (Energy metabolism) | **24A** | Aluminium phosphide, Calcium phosphide, Phosphine, Zinc phosphide |
| | **24B** | Cyanide |
| 25 Mitochondrial complex II electron transport inhibitors (Energy metabolism) | **25** *beta*-ketonitrile derivatives | Cyenopyrafen, Cyflumetofen |
| 28 Ryanodine receptor modulators (Nerve and muscle action) | **26** Diamides | Chlorantraniliprole, Cyantraniliprole, Cyclaniliprole, Flubendiamide, Tetraniliprole |

## 4.1 신경정보전달 교란제

살충제의 작용점은 대부분 곤충의 신경계에 있다. 이들의 작용점은 이온 채널, 신경전달물질 수용체 또는 효소이다. 이들 생체분자 또는 분자복합체는 신경계의 정보전달에 매우 중요한 작용을 한다. 이 기능이 과도하게 활성화 또는 저하되면 신경계에 의해 조절되고 있는 다양한 생리작용이 교란되어 곤충이 경련이나 마비 후 죽음에 이른다.

### 4.1.1 신경정보전달의 기본 구조

#### 1) 신경세포

동물의 신경계는 감각의 수용, 운동기관, 내장기관의 조절, 그리고 정보의 정리와 해석 등 생체 내의 다양한 생리현상에 관여하고 있다. 신경계의 정보전달을 담당하고 있는 중심적인 세포는 뉴런(neuron)이라 불리는 신경세포이다. 실제 신경세포는 복잡한 형태를 하고 있는데 단순하게 그리면 그림 4.1과 같다. 신경세포는 핵을 포함한 세포체와 거기서 뻗어 나온 긴 축삭(axon, 신경섬유)이나 분기된 수상돌기(dendrite)를 가지고 있다. 신경세포는 수상돌기나 세포체의 표면에서 많은 신경세포들로부터 신호를 받아 그것을 통합한 뒤, 활동전위(action potential)를 형성하여 축삭을 통해 다음 신경세포에 전달하는 네트워크를 형성하고 있다.

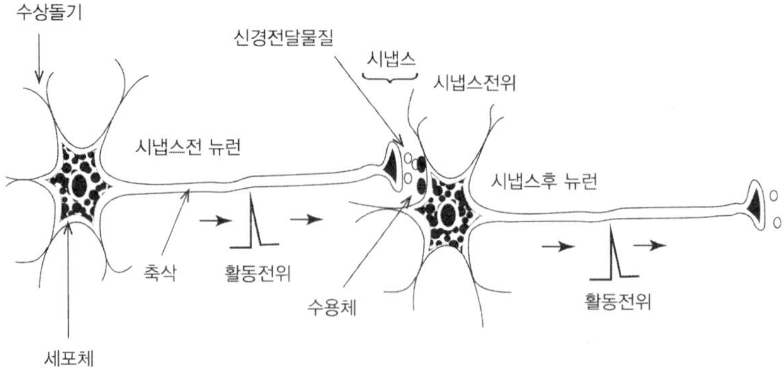


그림 4.1 신경의 정보전달

### 2) 축삭(axon)의 신호전달

신경세포의 세포체에서 통합된 전기적 자극이 축삭부에 전달됐을 때 거기서 한계치(threshold value) 이상의 탈분극이 발생하면 축삭부의 세포막에 있는 전위의존성 나트륨 이온 채널(voltage-dependent $Na^+$ channel)이 갑자기 열려(활성화) 세포 내에 $Na^+$이 유입된다. 이때 막전위는 0mV을 넘어 $Na^+$의 활동전위(약 70mV) 수준에 이르게 되는데 그 후 신속히 ($10^{-3}$초 이내) $Na^+$ 채널이 불활성화 되고, 뒤이어 $K^+$ 채널이 열려 $K^+$이 유출되어 다시 원래의 휴지전위(resting potential)로 회복된다(그림 4.2). 이에 따라 일정한 형태의 전위변화 신호(활동전위)가 국소적으로 발생하게 된다. 최초의 탈분극(depolarization)에 자극되어 인접한 $Na^+$ 채널과 $K^+$ 채널이 잇따라 활성화되면, 연속적으로 생성된 활동전위가 축삭을 따라 시냅스전막의 신경말단까지 전파된다. 이와 같이 최초의 활동전위 발생지역에서 유발된 탈분극이 축삭을 통해 활동전위 생성의 방아쇠가 되므로 탈분극을 일으키는 신경전달물질을 흥분성이라 하고, 반대로 과분극(hyperpolarization)을 일으키는 신경전달물질을 억제성이라 한다(그림 4.4).

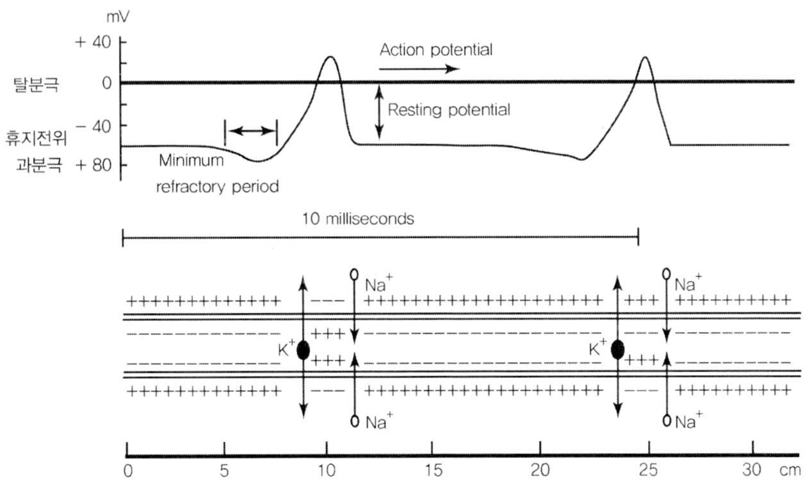


그림 4.2 $K^+$의 유출과 $Na^+$ 유입, 그리고 활동전위 발생

### 3) 신경말단에서 신경전달물질 방출

시냅스전막의 신경말단에서는 활동전위로 탈분극이 자극되어 전위의존성 $Ca^{2+}$ 채널이 열려 세포 내에 $Ca^{2+}$이 유입된다. 유입된 $Ca^{2+}$이 시냅스 소포(synaptic vesicle)를 자극하면 외포작용(exocytosis)을 거쳐 시냅스전막과 융합되면 소포 내에 있는 일정 단위의 신경전달물질 분자가 시냅스에 방출된다. 이것이 또 다음 신경세포의 수용체에 정보를 전달하게 된다.

### 4) 시냅스에서의 자극전달

활동전위로 인한 전기신호(단시간에 일어나는 전위 변화)가 축삭을 통해 시냅스전막(presynaptic membrane)에 전달되면 여기서 신경전달물질이 시냅스(신경세포 접합부의 간극)에 방출되어 전기신호가 화학물질신호로 변환된다(그림 4.1). 방출된 신경전달물질은 뉴런의 수상돌기 또는 세포체 부분의 세포막에 존재하는 수용체에 결합된다. 운동신경말단에서는 마찬가지로 근육세포 막(종판) 수용체에 결합된다.

신경전달물질과 결합하는 수용체는 이온 채널형(리간드 의존성 이온 채널 = ligand-dependent ion channel)과 대사조절형(G단백질 연결 수용체 = G protein coupled receptor)으로 나눌 수 있다(그림 4.3).

이온 채널형 수용체는 신경전달물질을 인지하는 수용체 단백질임과 동시에 이온 채널의 기능도 가지고 있어 신경전달물질이 결합되면 이온을 투과시킴으로써 신경후막의 탈분극 또는 과분극을 유도하여 전기신호를 생성하고 전달하게 한다.

한편, 대사조절형 수용체는 신경전달물질의 정보를 신경세포 내의 다른 화학물질(second messenger) 신호로 변환·증폭하여 전달하는데, 신경세포 간의 자극 전달 상태를 조절하며, 이온 채널형 수용체에 비해 정보전달이 느리다.

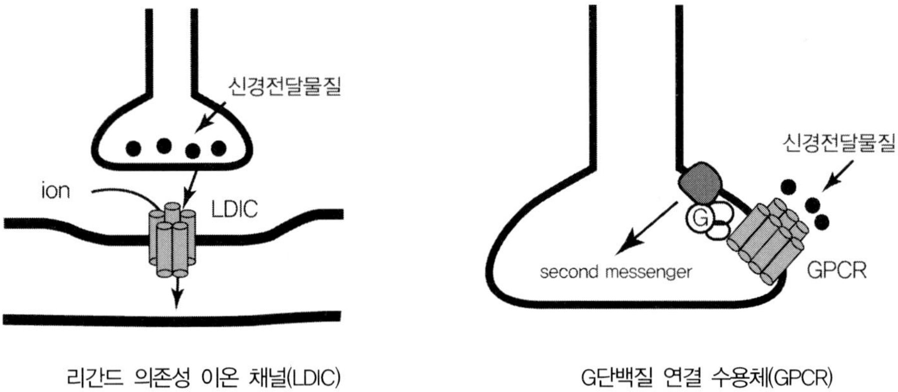


그림 4.3 2종류의 신경전달물질 수용체(桑野 등, 2005)

### 5) 신경전달물질

신경세포 간에 정보전달을 하는 물질로써 acetylcholine, glutamic acid, γ-aminobutyric acid(GABA), glycine이 있다(그림 4.4). 아세틸콜린과 glutamic acid은 주로 흥분성 신경전달물질로서 시냅스후막 세포에 양이온($Na^+$, $Ca^{2+}$)을 유입시켜 탈분극(흥분성 시냅스후막 전위)이 발생하고, GABA와 glycine은 억제성 신경전달물질로서 음이온($Cl^-$)을 유입시켜 과분극(억제성 시냅스후막 전위)이 발생한다.

척추동물과 무척추동물은 신경전달물질의 조직학적 존재 부위가 약간 다르다. 척추동물은 glutamic acid와 GABA가 중추신경계에서 작용하지만, 무척추동물은 중추신경계뿐만 아니라 말초신경계에서도 작용한다.

아세틸콜린은 척추동물에서는 중추와 말초의 양방향에서, 무척추동물에서는 중추에서 작용한다. Glycine은 무척추동물에서는 신경전달물질로서 작용하지 않는다. Glutamic acid는 척추동물에서 흥분성 신경전달물질이라고 알려져 있지만, 무척추동물에서는 억제성 신경전달물질로 작용한다. 생체아민인 adrenalin, noradrenalin, dopamine, serotonin, histamine 등도 저분자 정보전달물질로 알려져 있지만, 이들은 주로 신경수식물질 또는 신경호르몬으로서 작용한다. 무척추동물에서는 adrenalin과 noradrenalin 대신 octopamine과 tyramine이 생체아민으로 작용하고 있다. 그 밖에 다양한 peptide도 신경정보전달에 관여한다.

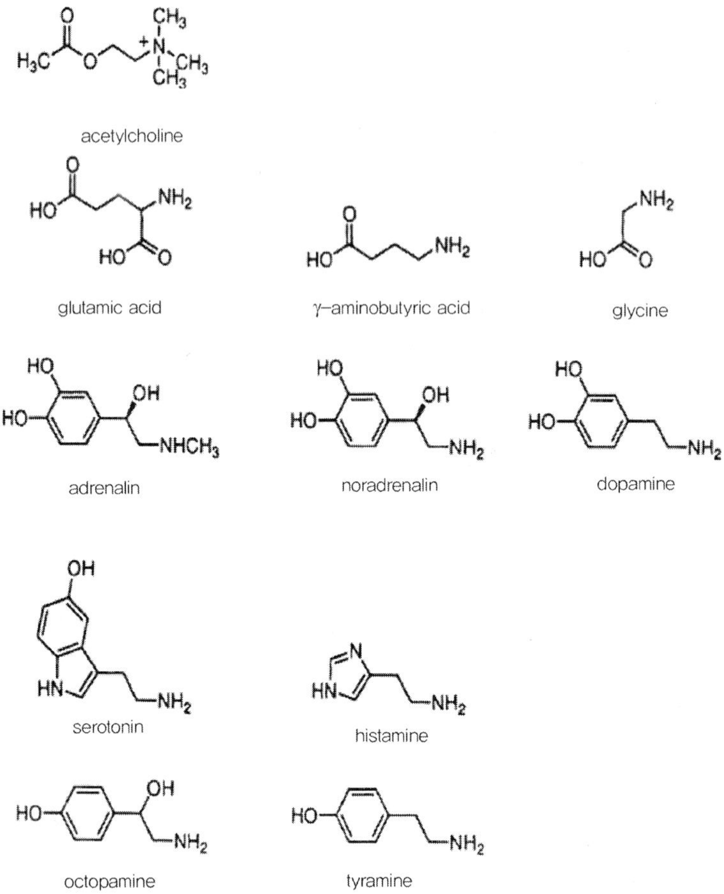


그림 4.4 신경전달물질

#### 6) **리간드 의존성 이온 채널**(ligand-dependent ion channel)**에 의한 정보 변환**

일반적으로 신경세포나 근육세포에서 $Na^+$, $Ca^{2+}$ 및 $Cl^-$의 농도는 세포 밖이 높고, $K^+$의 농도는 세포 안이 높다. 또한 정지된 경우에 세포 내측이 외측에 비해 통상 −50 ~ −90mV 정도의 음전위로 유지되고 있다(휴지막전위). 이와 같은 상태일 때 신경전달물질이 이온 채널 수용체에 결합하여 채널이 열리면 이온이 평형전위와 세포의 휴지막전위에 의존하며 세포 내로 이동하여 시냅스후막 신경세포에 전위변화(시냅스전위, 탈분극 또는 과분극)를 일으킨다. 즉, 이온 채널 수용체는 화학물질에 의한 신호를 전기신호로 변환하는 장

치라 할 수 있다.

### 7) 시냅스전위

시냅스전위의 방향(+ 또는 −)과 크기는 방출되는 화학물질의 종류와 양에 따라 다르다. 신경전달물질의 하나인 아세틸콜린이 아세틸콜린 수용체에 결합되면 수용체・채널 복합체를 통해 주로 $Na^+$ 및 $Ca^{2+}$이 세포 내에 유입되어 막전위는 +(탈분극 = depolarization) 방향으로 변환되어 시냅스후막에서 활동전위를 생성하여 흥분성 자극 전달이 이루어진다. 이에 반해, 신경전달물질 GABA가 GABA 수용체에 결합되면 GABA 수용체 채널을 통해 $Cl^-$이 유입되어 막전위가 −(과분극) 방향으로 변환된다. $Cl^-$이 유입되어 시냅스후 신경세포가 과분극되면 동일한 흥분성 자극에도 활성전위가 생성되지 않아 자극전달이 억제되는데 이러한 시냅스를 억제성 시냅스(inhibitory synapse)라 한다.

### 8) G단백질 연결 수용체에 의한 정보전달

G단백질 연결 수용체(G protein coupled receptor)는 7개의 막 관통 단백질로 리간드가 결합하면 연결되어 있는 GTP 결합단백질(G단백질)을 활성화한다(그림 4.5). 활성화된 G단백질은 effector, 즉 효소나 이온 채널을 활성화 또는 억제한다. 그 예로 adenylate cyclase나 phospholipase C가 있다.

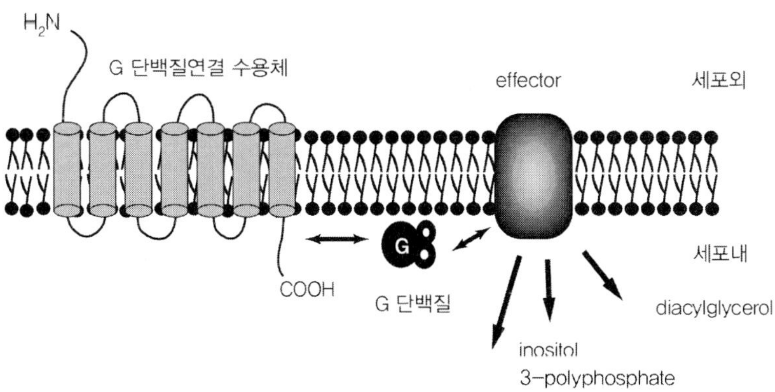


**그림 4.5** G단백질 연결 수용체에 정보전달 기작(桑野 등, 2005)

Adenylate cyclase는 ATP에서 2차 전령(second messenger)인 cAMP를 만드는 효소이다. cAMP는 protein kinase A를 활성화하여 세포내 신호 연쇄 반응(signal cascade reaction)을 매개한다. Phospholipase C-β는 세포막에 있는 phosphatidylinositol 2-polyphosphate를 inositol 3-polyphosphate(IP3)와 diacylglycerol로 분해한다. IP3은 소포체(endoplasmic reticulum)의 칼슘 이온 채널($Ca^{2+}$ channel)을 활성화하여 세포질에 2차 전령인 $Ca^{2+}$를 유출하는데 diacylglycerol과 함께 protein kinase C를 활성화한다. 이렇게 하여 신경전달물질의 정보가 2차 전령에 증폭되어 전달되고, 그 후 연쇄반응을 거쳐 세포 내의 다양한 생리현상이 조절된다.

### 4.1.2 $Na^+$ 채널 조절제(sodium channel modulators)

#### Pyrethroid계 살충제와 DDT

피레스로이드는 곤충을 신속하게 마비시키거나 기절(knock-down)시키는 속효성과 선택성이 높은 살충효과를 가지는 것으로 알려져 있다. 초기(1950년대)의 작용기작 연구에서 피레스로이드가 무척추동물의 신경계에서 반복적으로 흥분을 일으킨다는 것이 밝혀졌다. 후속 연구를 통해 화합물을 처리한 신경세포에서는 활동전위 생성 후에 탈분극성 후전위가 증대되고 반복됨으로써 반복흥분이 유발되는 것으로 밝혀졌다(그림 4.6A). 즉, 이 탈분극성 후전위가 한계치를 초과하여 다발성 탈분극이 일어난 경우 반복흥분이 된다. 이 자극이 말단까지 전달되면 신경전달물질의 이상 방출이 일어나 그것이 시냅스후막 세포에 전달되나, 약량이 많아지면 전달차단이 일어난다. 또한 피레스로이드는 반복흥분을 야기할 뿐만 아니라 궁극적으로는 휴지막전위를 소멸시켜 활동전위의 생성을 차단하기도 한다.

이러한 이온의 유입과 유출은 세포막에 있는 단백질로 구성된 특이 이온 통로(ion pore)의 개폐에 기인한다. 전위의존성 이온 채널은 활동전위에 도달하면 입체적 구조가 바뀌어 이온 통로는 열리게 되고 뒤이어 막을 사이에 두고 농도 차이가 나는 이온의 출입이 생긴다. 막전위의 변화가 감지되면 $Na^+$ 통로의 문은 열리고 막 전위는 더욱더 양(陽)으로 변한다. $Na^+$는 내부의 막전위가 국부적으로 양의 값으로 될 때까지 유입된다. 막전위가 음의 값에서 양의

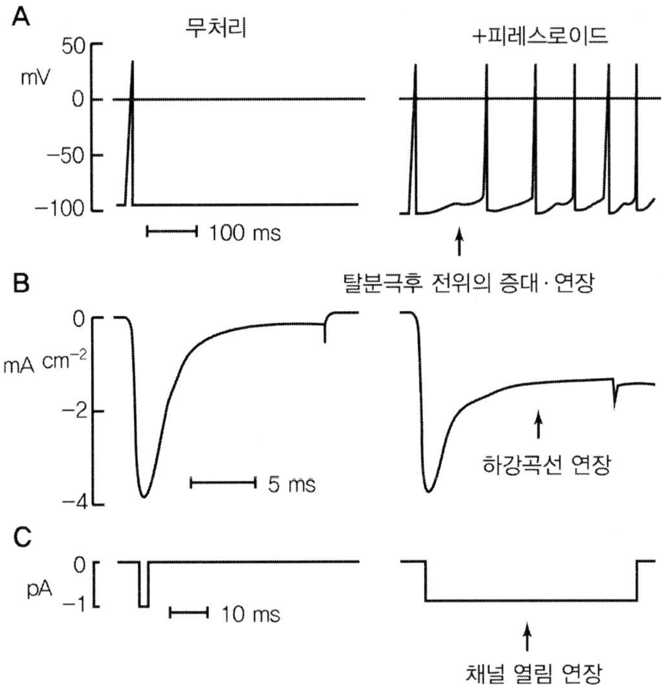


**그림 4.6** 피레스로이드 이온 통로의 전기생리 작용

값으로 역전되면 $Na^+$ 통로는 닫히고 $K^+$ 통로가 열려 $K^+$이 유출된다. $K^+$의 유출은 막전위를 원상태로 되돌리게 된다. 짧은 기간의 불감응기(refractory period)가 지나면(그림 4.2) 또 다른 신경진달이 뒤따를 수 있다. 막전위의 역전 즉 활동전위는 축삭돌기를 따라 전파되다가 말단에 도달하게 되면 신경전달물질의 방출을 자극한다.

피레스로이드계에 의한 탈분극 후 전위의 원인을 알기 위하여 막전위를 임의의 값으로 고정한 후 채널을 통해 흐르는 전류를 측정하여(막전위 고정법) 조사한다. 그 결과 막전위가 탈분극되면 $Na^+$ 전류의 하강곡선이 느려지기 때문에 피레스로이드는 $Na^+$ 채널 불활성화 기작을 저해하고 있는 것으로 생각할 수 있다(그림 4.6B). 단일 채널 수준에서 흐르는 전류를 패치클램프법(patch clamp method)으로 조사하면 일반적으로 탈분극에 의해 개개의 채널이 극히 짧은 순간 열렸다 닫히는데, 피레스로이드 존재 하에서는 채널이 열려 있는 시간이 길어짐을 알 수 있다(그림 4.6C). 또한 피레스로이드 존재 하에서는 탈분극이 끝난 후 재분극(repolarization)되어도 유출전류라 불리는 전류가 흐르게 되며, 이것이 반복 후 방전의 원인이 된다.

다양한 동물들에서 $Na^+$ 채널의 subunit($\alpha$, $\beta_1$, $\beta_2$)을 발현하는 유전자가 분리되었고, 이들을 분석한 결과, 주요 채널 기작은 약 260kDa의 $\alpha$-subunit(소단위)가 관여하고 있다는 것이 밝혀졌다. 하나의 $\alpha$-subunit은 6개(S1~S6)의 막관통 부위(transmembrane segment)로 구성된 homology domain 4개(I~IV)가 방사상으로 배열로 형성되어 있다(그림 4.7). 초파리에서는 *para*(집파리에서는 *vssc1*)라는 유전자가 $\alpha$-subunit을 암호화(code)하고 있다.

해충은 피레스로이드의 빈번한 사용으로 저항성을 갖게 된다. 대표적인 저항성 기작에는 작용점의 감수성 저하 즉, kdr(knock-down resistance)와 super-kdr가 있다. 이 저항성들은 곤충에서 *para* subunit의 domain I, II, III의 S6, domain II의 S5와 세포질측 S4-S5 연계 등 다양한 부위에서 아미노산 변이가 발견되었다(그림 4.7). 또한 이들을 발현시킨 채널에서는 피레스로이드에 대한 친화성 · 효력의 저하가 확인되었다.

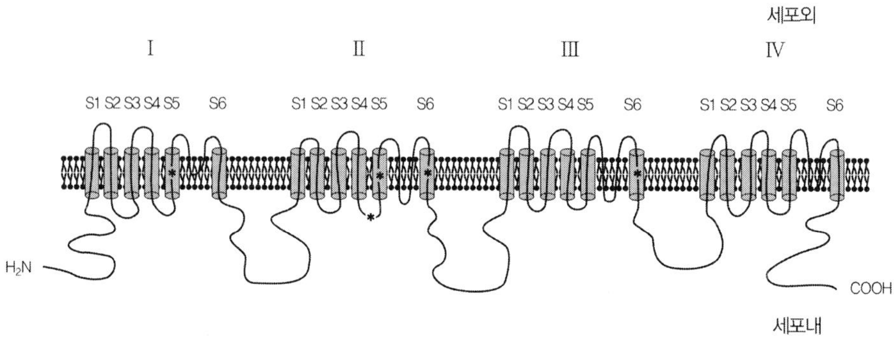


**그림 4.7** 전위 의존성 $Na^+$ 채널(桑野 등, 2005)

(*는 피레스로이드 저항성 곤충의 아미노산 변이부위를 나타낸다)

### 4.1.3 전위의존성 $Na^+$ 채널 차단제(voltage-dependent sodium channel blockers)

옥사디아진(oxadiazin) 고리를 가진 indoxcarb(그림 4.8)는 대사과정에서 *N*-탈메톡시 카보닐화(carbonylation)되어 생성되는 DCJW가 $Na^+$ 전류를 차단하여 높은 활성을 보인다. 특히 나비목 곤충에 높은 살충활성을 가지고 있다. 곤충의 채널에 대한 높은 선택독성을 나타내는 작용기작이기 때문에 기존 약제에 저항성을 보이는 해충에 효과적이다.

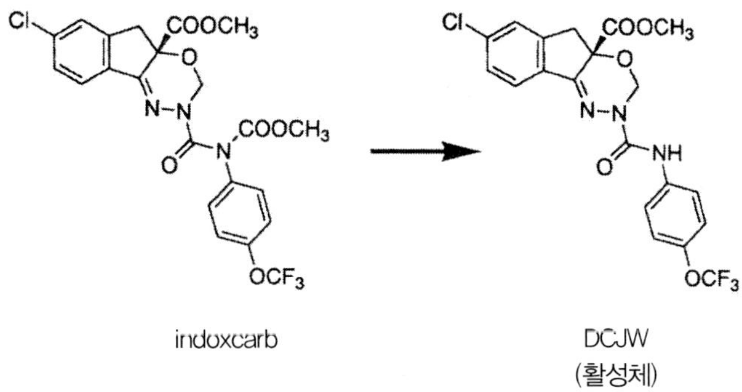


**그림 4.8** 살충제 indoxcarb와 활성대사물

### 4.1.4 니코틴성 아세틸콜린 수용체 작용제[Nicotinic acetylcholine receptor(nAChR) agonists]

니코틴(nicotine)과 네오니코티노이드계(neonicotinoid) 살충제는 곤충의 니코틴성 아세틸콜린 수용체(nicotinic acetylcholine receptor, nAChR)의 아세틸콜린 결합부위에 높은 친화성을 가지고 있다. 그 결과, 전기생리학적으로는 신경세포의 반복흥분과 그것에 따른 전도차단을 일으킨다. 또한 막전위 고정법 또는 패치크램프법으로 네오니코티노이드의 작용을 조사하면 신경세포에 일시적으로 안쪽에 $Na^+$ 전류를 관찰할 수 있다. 이로부터 네오티코티노이드는 아세틸콜린과 같은 작용, 즉 니코틴성 아세틸콜린 수용체의 작용제로서 작용한다는 것을 알 수 있다. 이것 역시 수용체가 작용제에 계속 노출되면 수용체는 민감소실로 기능이 상실된다.

### 4.1.5 니코틴성 아세틸콜린 수용체 채널 차단제(nAChR channel blockers)

네레이스톡신(nereistoxin)계 살충제는 bensultap, cartap, thiocyclam이 있다. 네레이스톡신은 신경계에서 다양한 전기생리학적인 증상을 일으키는데 특히 곤충에서는 낮은 농도로 아세틸콜린 유기 전류를 저해하여 시냅스 전달을 저해한다. 높은 농도에서는 아세틸콜린 수용체 길항제([$^{125}$I] $\alpha$-bungarotoxin)의 결합을 저해하는 활성을 가지고 있어 시냅스후막 세포에 탈분극을 일으킨다. 반면 낮은 농도에서는 니코틴성 아세틸콜린 수용체 내부의 길항제 결합부위에, 높은 농도에서는 작용제 결합부위에 작용한다. Cartap, bensultap은 수용체의 길항제 결합부위에 선택적으로 작용한다.

### 4.1.6 니코틴성 아세틸콜린 수용체의 알로스테릭 활성제(nAChR allosteric activators)

스피노신(spinosyn)계 spinetoram, spinosad는 시냅스후막의 니코틴성 아세틸콜린 수용체의 결합력을 비정상적으로 활성화하고, 반응을 연장시킨다. 즉 아세틸콜린의 과다한 작용으로 살충활성이 발현된다. 이외에 GABA 수용체에 대한 작용도 보고되고 있다.

### 4.1.7 아세틸콜린 에스터라아제 저해제[acetylcholinesterase(AChE) inhibitors]

#### 유기인계와 카바메이트계 살충제

시냅스에서 자극전달은 신경섬유(축삭)와 달리 화학물질에 의해서 일어난다. 신경전달물질로는 아세틸콜린이 가장 잘 알려져 있고, choline, amine, amino 등이 있다. 아세틸콜린은 곤충에서 중추신경의 자극전달에 관여한다. 활동전위가 시냅스말단에 전달되면 시냅스전막(presynaptic membrane)이 변형되고, 거기에 있는 화학전달물질인 아세틸콜린이 방출된다. 아세틸콜린이 시냅스후막의 수용체와 결합하면 후막의 이온 투과성이 변하여 $Na^+$이 안쪽으로 유입되고 $K^+$은 외부로 유출되며 이때 활동전위가 발생해서 흥분이 전달된다. 자극전달을 끝낸 아세틸콜린은 AChE에 의해서 콜린(choline)과 초산(acetic acid)으로 분해되고, 시냅스전막을 통해 흡수된 후 아세틸콜린으로 재합성된 후 시냅스 소포에 저장된다.

신경계에서 자극전달 교란은 그 기작에 따라 신경섬유에 자극전도 저해, 시냅스전막에서 아세틸콜린 방출 촉진, 시냅스후막의 아세틸콜린 수용체 자극이나 자극 차단, AChE 불활성화로 나눌 수 있다. 유기인계와 카바메이트계 살충제는 AChE를 저해하여 수용체 주변에 고농도의 아세틸콜린이 남아 시냅스후막세포에 계속 자극을 주어 살충활성이 나타난다(그림 4.9).

그림 4.10과 같이 AChE는 효소-기질복합체를 형성한 후, 세린(serine) 수산기(S200)가 기질인 아세틸콜린의 카보닐탄소를 친핵공격(nucleophilic strike)하여 사면체 중간체(tetrahedral intermediate)를 거쳐 아세틸화 효소(acetylated enzyme)가 된다. 아세틸화 효소는 같은 기작으로 물의 공격을 받아 탈아세틸화(deacetylation)하여 원래 효소로 돌아간다. 유기인계나 카바메이트계는 S200을 인산화 또는 카바밀화(carbamylation)하여 이들의 수식 부위가 탈리(elimination)하는 속도가 기질 아세틸콜린에 비해 느리므로 AChE가 저해되어 살충활성이 나타난다.

$$(CH_3)_3\overset{\oplus}{N}CH_2CH_2CH_2OH + CH_3COOH \leftrightharpoons (CH_3)_3\overset{\oplus}{N}CH_2CH_2COOH + H_2O$$

choline　　acetic acid　　acetylcholine

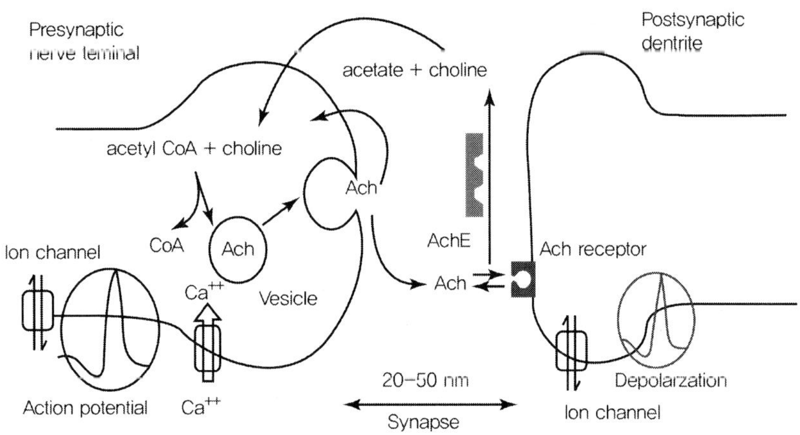


그림 4.9 유기인계와 카바메이트계 살충제에 의한 AChE의 저해

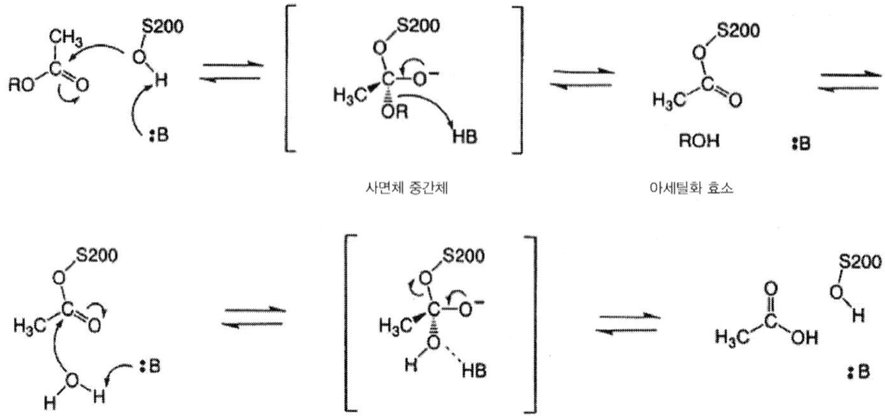

그림 4.10 AChE에 의한 아세틸콜린의 가수분해 기작

(R은 $(CH_3)_3N^+$-$CH_2CH_2$-을, B는 H 440의 imidazol을 나타냄)

유기인계의 P원자가 S200의 친핵공격을 받으면 X가 탈리된다. AChE와의 반응성은 P원자의 전자밀도에 의존하고 있으므로 X가 전자흡인성을 보이고, 탈리성이 높으면 AChE 저해활성이 높아진다. 유기인계가 P=S인 경우는 체내에서 반응성이 높은 oxon체(P=O)로 산화된 뒤(그림 4.11; 4.12) AChE와 반응한다. 반응성이 낮은 유기인계 화합물은 곤충 체내에서 다양한 반응에 의해 활성화된 후에 AChE와 반응한다. 카바메이트계의 경우는 카바밀화 반응성보다 AChE에 대한 친화성이 저해활성에 중요한 역할을 한다.

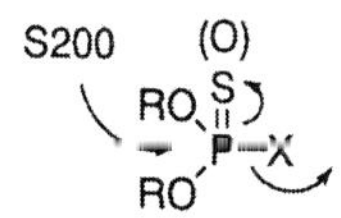

그림 4.11 유기인계 살충제의 기본형과 oxon의 반응

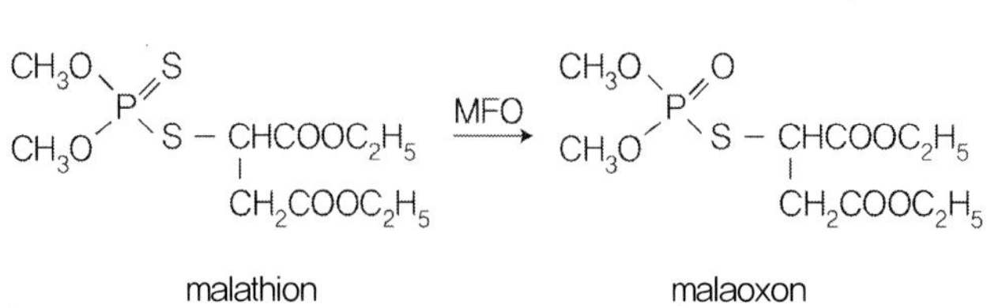

그림 4.12 Malathion의 산화작용

### 4.1.8 GABA-통로 $Cl^-$ 채널 길항제(GABA-gated chloride channel antagonists)

유기염소 시클로알칸계(cyclodiene organochlorine) 살충제(aldrin, dieldrin, heptachlor, BHC)나 페닐피라졸(phenylpyrazole) 살충제(fipronil)는 이온 채널형 GABA 수용체를 제1 작용점으로 살충활성을 나타낸다. 유기염소 시클로알칸계 살충제는 GABA 수용체의 결합부위와는 다른 부위에 결합하여, allosteric(입체성이 다른 위치) 작용으로 GABA 작용을 저해하는 비경합적 길항제이다. 이 작용은 곤충의 억제성 신경계 작용을 저해함으로써 흥분하여 죽음에 이르게 한다.

페닐피라졸 살충제 fipronil(그림 4.13)은 유기염소 시클로알칸계 살충제와 구조 유사성이 없으나 작용기작이 유사하다는 설도 있다.

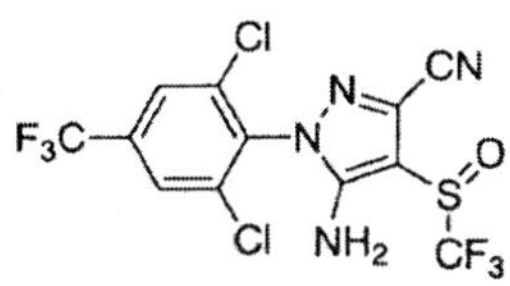


그림 4.13 살충제 fipronil

GABA 수용체의 subunit을 암호화하는 유전자는 니코틴성 아세틸콜린 수용체나 glycine 수용체 등의 유전자와 같은 리간드 의존성 이온 통로 superfamily(상과)에 속하며, 이들 수용체는 구조가 유사하다. 5개의 subunit이 모여 중앙에 염소이온 투과 통로를 형성하고 있다. subunit의 기본적 구조는 니코틴성 아세틸콜린 수용체에서 설명한 것과 동일하다. 지금까지 포유류에서는 $\alpha1 \sim 6$, $\beta1 \sim 3$, $\gamma1 \sim 3$ 등의 subunit이 분리되었고, 생체 내에서는 그 중 몇 개의 조합으로 다양한 수용체 유형이 발현되는 것으로 생각된다. 한편, 지금까지 곤충에서 분리된 subunit 중 기능을 가지고 있는 것은 Rdl(resistance to dieldrin)이라 불리는 subunit뿐이다. Rdl은 다양한 곤충에서 그 존재가 확인되었지만 수용체의 subunit 구성은 명확하지 않다.

각 subunit은 4개의 소수성 막관통 부위를 가지고 있으며 그 2번째 막 관통영역 M2가 중앙의 채널 내면을 형성하고 있다. 이 M2 영역의 아미노산(예를 들어, 쥐 $\beta2$ T246이나 $\alpha1$ V257 또는 초파리 Rdl의 A302)을 다른 아미노산으로 바꾸면 비경합적 길항제에 감수성이 낮아지므로 통로 내면의 세포질 측에 염소화 시클로알칸계 살충제나 fipronil의 작용점이 있는 것으로 추정된다(그림 4.14). 이들 살충제는 작용점에 결합하여 통로가 닫힌 상태의 입체구조를 안정화시켜 억제성 신경전달을 저해하는 것으로 생각된다. Fipronil은 포유류보다 곤충의 GABA 수용체에 친화성이 높아 살충활성을 나타낸다.

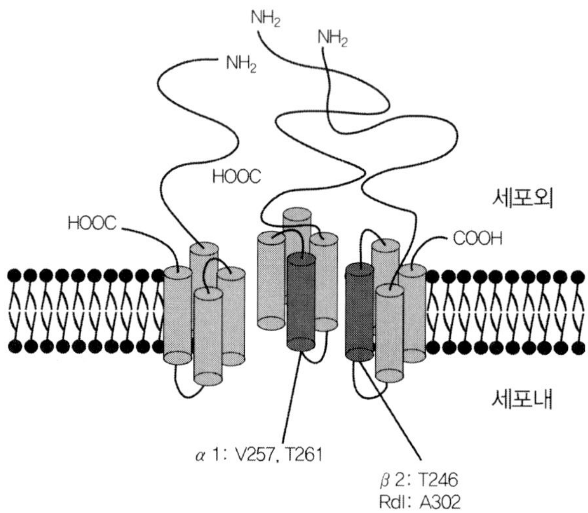


그림 4.14 GABA 수용체의 추정되는 길항제 결합부위(桑野 등, 2005)

#### 4.1.9 Cl⁻ 채널 활성제(chloride channel activators)

**마크로라이드계 살충제**: abamectin, emamectin benzoate, milbemectin 등

곤충 근육세포에서는 신경전달물질이 탈분극이나 과분극의 저해 또는 입력저항 감소를 일으킨다. 그 작용이 GABA 길항제 · 피클로톡신(picortoxin)에 의해 저해되거나 GABA에 유기되는 염소이온의 투과성에 영향을 미치므로 abamectin이나 milbemycin은 GABA 수용체 통로가 열린 상태에서 활성을 나타낸다.

곤충은 글루타민산(glutamic acid)으로 통로를 열고 닫는 염소 이온 채널(억제성 글루타민산 수용체)이 있고, 그 subunit의 유전자 GluCl$\alpha$와 GluCl

$\beta$가 꼬마선충(*Caenorhabditis elegans*)에서 분리되었다. 이것을 아프리카발톱개구리(*Xenopus laevis*) 난모세포(oocyte)에서 발현시켰을 때 milbemycin D나 abamectin의 유도체가 단독으로 내향 전류를 발생시켜 살선충 활성을 나타낸다. 저농도의 ivermectin 4″-*O*-인산은 글루타민산에 유기되어 전류가 더 강해진다. 초파리에서도 DrosGluCl-$\alpha$라는 유전자를 클로닝하여 발현시켰을 때 꼬마선충과 같은 결과를 얻었다. 즉, abamectin, milbemycin은 글루타민산 의존성 염소 이온 채널(glutamic acid–dependent chlorideion channel)을 조절하는 작용을 한다.

### 4.1.10 옥토파민 수용체 작용제(octopamine receptor agonists)

Amidine 살비제: amitraz, chlorodimeform

Amitraz, chlorodimeform은 표적세포의 옥토파민 수용체에 대한 작용제 활성을 나타낸다. 옥토파민은 신경수식물질, 신경호르몬 또는 신경전달물질로서 작용하는 무척추동물 특유의 생리활성 아민(amine)이다. 시냅스 간에 빠른 정보전달, 신경전달물질 작용의 조절 또는 내분비계에 작용한다.

이들 약제가 옥토파민 수용체에 작용하면 그 정보가 G단백질을 통해 아데닐산 시클라아제(adenylate cyclase)를 활성화시킨다. 그 결과 2차 전령인 cAMP 생성 증가, protein kinase A의 활성화, 표적 단백질의 인산화가 일어나 최종적으로는 섭식이나 교미 등 개체 행동에 변화를 일으킨다. 이와 같은 작용으로 곤충이나 응애의 생리가 교란되어 개체수가 감소하게 된다.

## 4.2 에너지대사 저해제, 호흡연쇄 전자전달계와 산화적 인산화 저해제

세포 내 마이토콘드리아에서는 glucose 등의 산화로 만들어진 NADH나 $FADH_2$의 전자를 사용하여 효소가 환원된다. 이 과정에서 생성되는 자유에너지를 사용하여 ATP가 합성된다(그림 4.15). 동물 세포에서 대부분의 에너지가 이 산화적 인산화라 불리는 과정으로 생성된다.

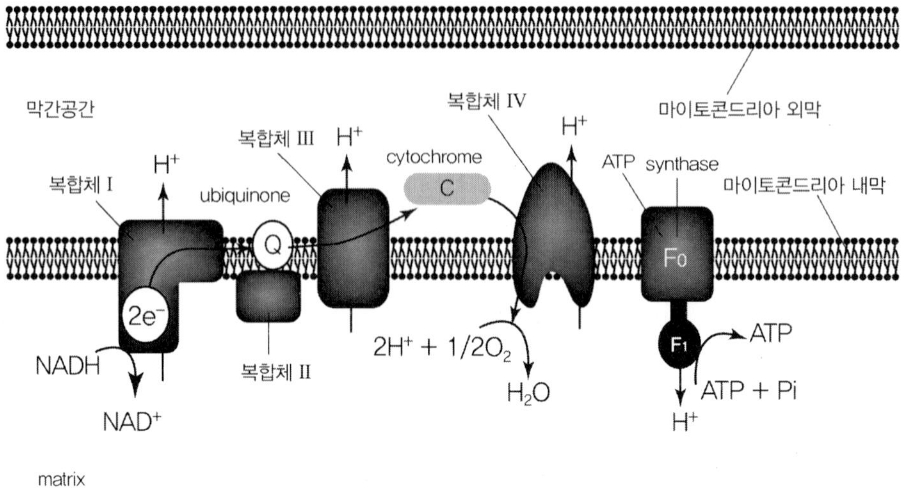


그림 4.15 마이토콘드리아 전자전달계와 산화적 인산화(桑野 등, 2005)

산화적 인산화는 마이토콘드리아 내막에 있는 호흡연쇄 전자전달계와 $H^+$ 수송 ATP synthase의 협력으로 이루어진다. 호흡연쇄 전자전달계는 효소복합체로 되어 있는데, 먼저 복합체 I이 NADH를 산화하여 생성된 전자를 FMN과 철유황 클러스터(ferredoxin)를 거쳐 산화형 유비퀴논(ubiquinone, Q)에 전달한다(그림 4.16). 다음 복합체 III으로의 전자이동은 환원형 유비퀴논(ubiquinol; $QH_2$)을 통해 이루어진다. 복합체 III은 cytochrome c에 의한 환원형 유비퀴논의 산화를 촉매한다. 복합체 IV는 산소에 의한 환원형 cytochrome c의 산화를 촉매한다. 이 일련의 전자전달에서 얻어지는 자유에너지로 마이토콘드리아의 기질(matrix)에서 외막과 내막 사이에 $H^+$가 배출되어, 내막을 경계로 전기화학적 $H^+$ 농도구배가 생긴다. 이 전기화학적 구배는 최종적으로 $H^+$ 수송 ATP synthase(complex V)의 작용으로 ATP가 합성(산화적 인산화)되어 에너지가 생성된다. 합성된 ATP는 세포질(cytosol)에 수송되어 생합성이나 기능수송 등의 에너지를 필요로 하는 반응에 사용된다.

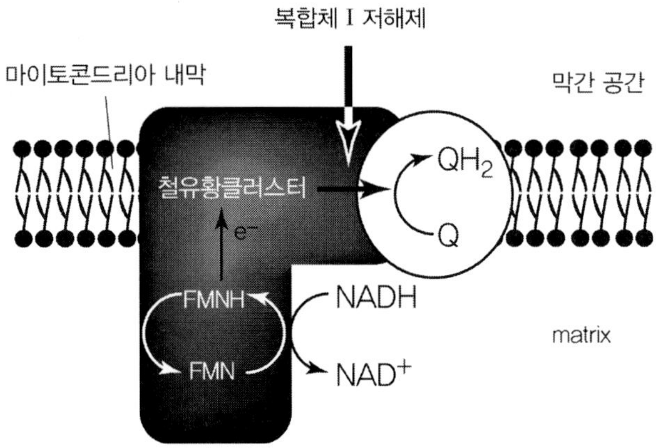


그림 4.16 전자전달계 복합체 I 저해제의 추정되는 작용점(桑野 등, 2005)

### 4.2.1 전자전달계 복합체 I(NADH-CoQ reductase) 저해제

로테논(rotenone, 그림 4.17)은 철유황 클러스터(ferredoxin)와 유비퀴논(ubiquinone) 사이의 전자 이동을 가로막는 복합체 I 저해제이다(그림 4.16). 복합체 I에 작용하는 살비제로서 몇 종의 함질소 헤테로고리 화합물이 있다(그림 4.18). 이들은 주로 질소원자 또는 산소원자를 통한 소수성 측쇄를 가진 피라졸 고리(pyrazole ring), 피리미딘 고리(pyrimidine ring), 피리다지논 고리(pyridazinone ring) 또는 키나조린고리(quinazoline ring) 유도체이다. 이들 약제는 응애에 대해 스펙트럼이 넓고 속효성이다. 그러나 같은 작용점을 가진 약제에 대해서는 교차저항성이 생길 수 있다.

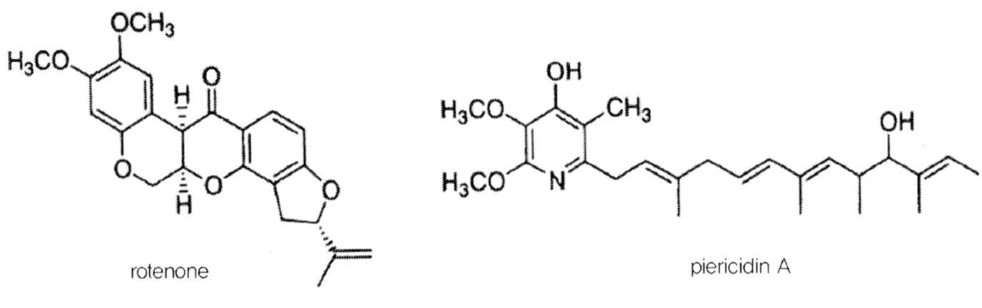


그림 4.17 Rotenone과 piericidin A

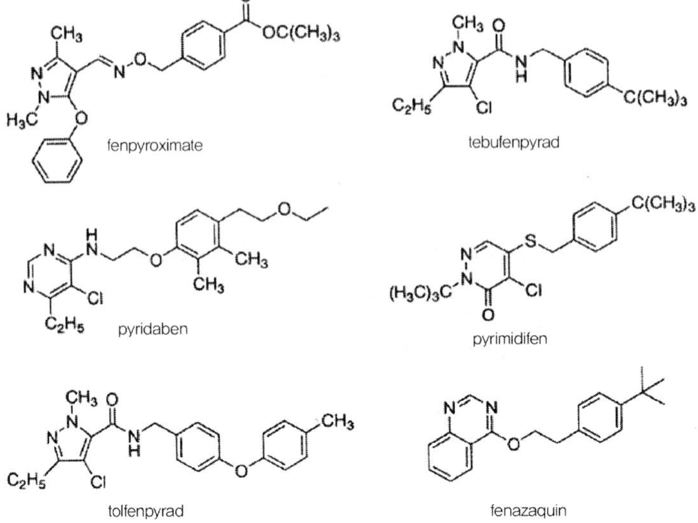


그림 4.18 전자전달계 복합체 I을 저해하는 살비제

상기 화합물(그림 4.18)의 작용기작은 산소 소비의 감소, ATP 함량의 감소, 마이토콘드리아의 형태 변화, 그리고 NADH-유비퀴논 산화환원효소저해, 방사선 표식 rotenone이나 piericidin을 통해 확인되었다. 그러나 복합체 I은 다수의 subunit으로 구성된 거대한 복합체이기 때문에 다양한 구조를 가진 저해제의 작용점이 복합체 I 내의 어느 부분에 있는지 명확하지 않다.

$[^3H]$pyridaben 유도체나 $[^3H]$fenpyroximate 유도체를 사용한 광친화성 표식 또는 복합체 I 변이체를 사용한 실험에서, 철유황 클러스터에서 유비퀴논에 이르는 도중에 있는 IP 49 kDa, PSST, ND1, ND3, ND5 등의 subunit이 결합부위를 형성하고 있는 것으로 추정된다(그림 4.16).

### 4.2.2 전자전달계 복합체 II(succinate dehydrogenase) 저해제

전자전달계 마이토콘드리아 복합체 II를 구성하는 succinate dehydrogenase의 기능을 저해하는 것으로 *beta*-ketonitrile 유도체인 cyenopyrafen, cyflumetofen이 응애 방제제로 사용되고 있다.

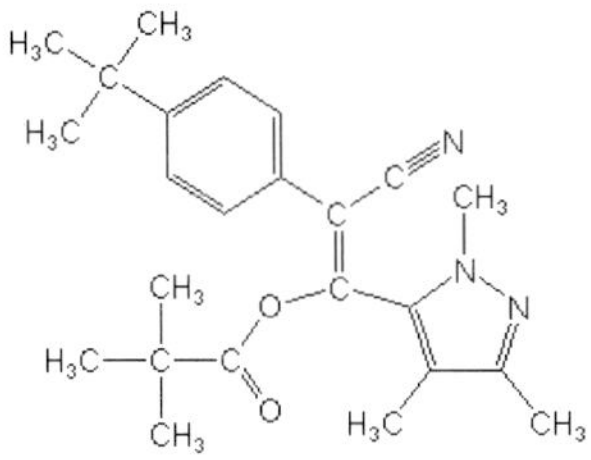

cyenopyrafen

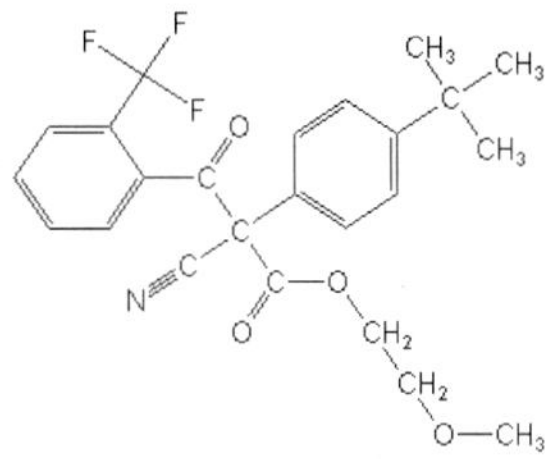

cyflumetofen

### 4.2.3 전자전달계 복합체 III(CoQ–cytochrome c reductase) 저해제

전자전달계의 복합체 III은 CoQ-cytochrome c reductase(cytochrome $bc_1$ 복합체)이다(그림 4.15). 아미디노히드라존(amidinohydrazone)계인 hydramethylnon(그림 4.19)은 복합체 III을 작용점으로 한다. 또한 acequinocyl(그림 4.19)은 탈아세틸대사물이 복합체 III의 유비퀴놀(ubiquinol) 산화부위에 결합하여 응애류에 속효성 효과를 나타낸다. Fluacrypyrim(그림 4.19)도 복합체 III의 저해로 응애의 모든 발육단계에 효과를 나타낸다.

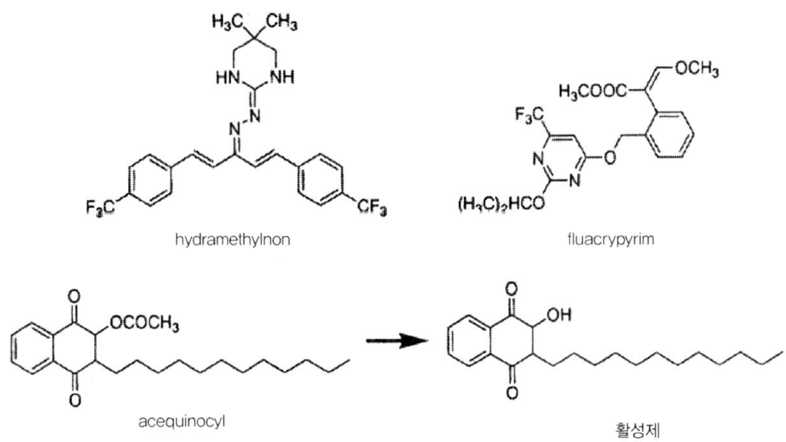


그림 4.19 전자전달계 복합체 III을 저해하는 살충제, 살비제와 acequninocyl의 대사활성화

### 4.2.4 전자전달계 복합체 IV(cytochrome c oxidase) 저해제

전자전달계의 복합체 IV는 cytochrome c oxidase의 기능을 저해하여 치

사하게 되는데, 해당하는 약제로는 훈증제인 aluminium phosphide, calcium phosphide, phosphine, zinc phosphide, cyanide가 있다(그림 4.15).

### 4.2.5 마이토콘드리아 ATP 합성효소($F_1F_0$-ATPase) 저해제 (inhibitors of mitochondrial ATP synthase)

$H^+$ 수송 ATP 합성효소(일명 전자전달계 복합체 V)는 $H^+$ 농도구배를 이용하여 ADP와 무기인산에서 ATP를 합성하는 마이토콘드리아 내막을 통과하는 단백질 복합체로 2개의 기능단위 $F_1$과 $F_0$로 이루어져 있다(그림 4.15). $F_0$는 복수의 subunit으로 된 막관통 $H^+$ 수송채널이다. $F_1$은 기질(matrix) 측에 있으며 ATP 합성 촉매부위를 포함한다. Thiourea 살충제 diafenthiuron(그림 4.20)은 체내에서 카보디이미드(carbodiimide)체로 변환된 뒤, 곤충(검정파리) 비상근(flight muscle) 마이토콘드리아의 $F_0$의 프로테오리피드(proteolipid) 및 마이토콘드리아 외막의 채널 단백질 포린(porin, 마이토콘드리아 외막에 존재하는 유사단백질)과 결합하여 $H^+$ 수송 ATP 합성효소를 저해한다. 쥐 간의 마이토콘드리아에서는 프로테오리피드(proteolipid)에만 반응하고, 포린과는 반응하지 않는다. 살비제 fenazaquin은 복합체 I의 저해제이지만, ATP 합성효소와 반응한다는 보고도 있다. 해당 살비제로는 azocyclotin, cyhexatin, fenbutatin oxide, propargite, tetradifon이 있다.

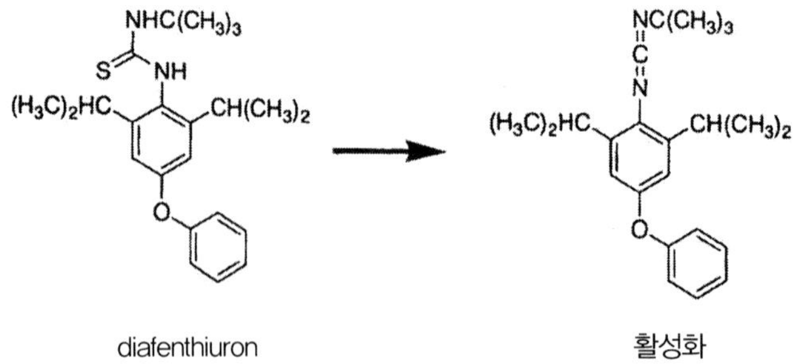


그림 4.20 $H^+$ 수송 ATP syntase 저해활성을 나타내는 살충제 diafenthiuron의 대사활성화

### 4.2.6 산화적 인산화의 탈연결제(uncouplers of oxidative phosphorylation)

전자전달과 산화적 인산화는 연결되어 있다. 마이토콘드리아 내막의 $H^+$

투과성을 높이는 화합물을 첨가하면 전기화학적 $H^+$ 구배가 소실된다. 그 결과 전자전달은 일어나지만 ATP 합성이 이루어지지 않는다(탈연결). 지용성으로 약산성인 2, 4-dinitrophenol(탈연결제)은 막의 산성 측에서 $H^+$와 결합하고 막을 투과하여 알칼리 측에서 $H^+$를 방출한다. 이와 같이 연결을 해제하는 화합물은 산화적 인산화의 탈연결제(uncoupler: 산소호흡을 저해하는 일이 없이 인산화반응만 저해)가 된다. Chlorfenapyr(그림 4.21)은 대사로 탈에톡시메틸화된 뒤, 탈연결제 작용으로 호흡을 촉진하여 소멸시킨다.

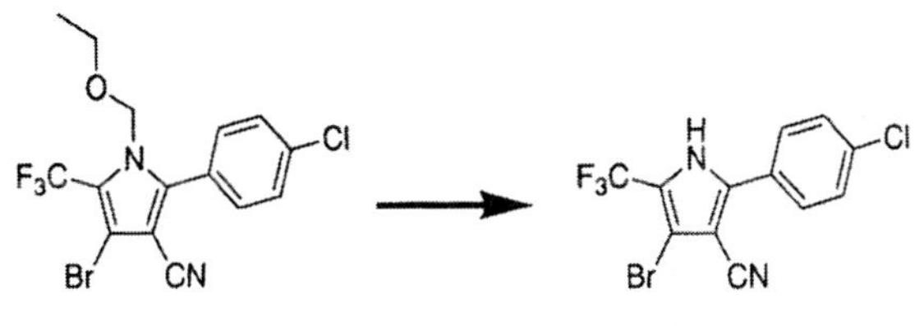


그림 4.21 산화적 인산화 탈연결제 chlorfenapyr의 대사활성화

## 4.3 지질 생합성(acetyl CoA carboxylase) 저해제

생체막은 지질이 이중층으로 구성되어 있고, 물리적으로 견고하며, 유동성이다. 또한 여러 종류의 체내 물질과 이온에 대하여 비투과성을 가지고 있다. Tetronic과 tetramic acid(ketoenole)계인 spirodiclofen, spiromesifen, spirotetramat는 곤충 체내에서 지질 생합성 과정 중 acetyl CoA carboxylase의 기능을 저해하는 것으로 막 표면을 일그러지게 하고 막의 기능을 비정상적으로 하여 생리전반에 영향을 미친다(그림 4.22).

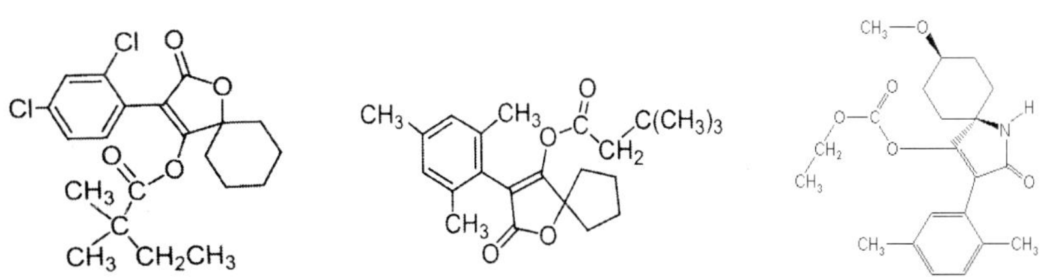

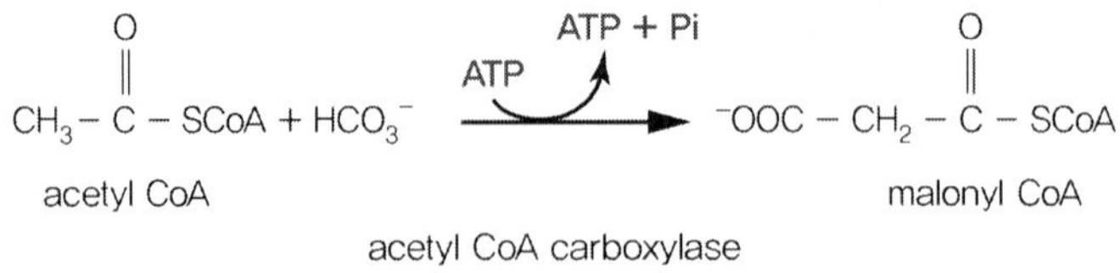

그림 4.22 지질생합성 과정

(http://www.metabolic-database.com/index.html)

## 4.4 곤충성장 조절제(insect growth regulator, IGR)

곤충은 유충에서 번데기를 거쳐 성충이 되는 완전변태와 약충이 탈피를 반복한 후 번데기 과정없이 성충이 되는 불완전변태로 크게 나눌 수 있는데, 두 경우 모두 변태를 경계로 형태적·생리적으로 큰 변화가 일어난다.

유충기는 다량의 먹이 섭취와 탈피, 성장, 영양 축적, 변태 등 다양한 현상을 보이나 성충기는 오로지 생식과 이동이 주된 활동이다. 유충탈피와 변태는 뇌, 알라타체, 전흉샘(prothoracis gland)에서 각각 분비되는 전흉샘자극호르몬, 유약호르몬(juvenile hormone, JH), 탈피호르몬(moulting hormone, MH) 등에 의해 유도·조절된다.

유충탈피나 변태 등 곤충의 성장과정을 저해하거나 촉진하는 화합물을 총칭하여 곤충성장 조절제라 부른다. 현재 JH 활성물질, MH 활성물질, 키틴생합성 저해제, 탈피·변태 저해제 등이 상용화되어 있다. IGR은 곤충 성장과정에 효과적으로 작용하고, 포유류에 저독성을 나타내어 선택성이 높은 해충 방제제로 이용되고 있다.

### 4.4.1 유약호르몬 유사화합물(juvenile hormone mimics)

주요 유약호르몬(juvenile hormone, JH)은 5종류가 있고, 곤충의 종과 발육시기에 따라 작용하는 JH의 종류가 다르다(그림 4.23). 누에나방, 나방 등의 나비목 곤충에서는 JH I, 메뚜기, 파리, 모기 등에서는 JH III이 주된 JH로 작용하고 있다.

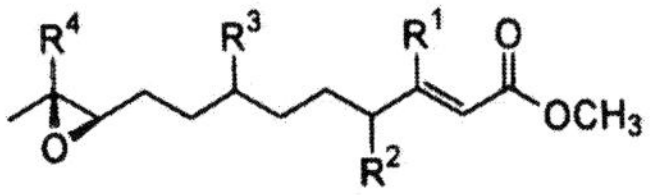

JH 0 : $R^1$, $R^3$, $R^4$ = $C_2H_5$ ; $R^2$ = H
JH I : $R^1$ = $CH_3$ ; $R^2$ = H ; $R^3$, $R^4$ = $C_2H_5$
JH II : $R^1$, $R^3$ = $CH_3$ ; $R^2$ = H ; $R^4$ = $C_2H_5$
JH III : $R^1$, $R^3$, $R^4$ = $CH_3$ ; $R^2$ = H
4-MeJH I : $R^1$, $R^2$ = $CH_3$ ; $R^3$, $R^4$ = $C_2H_5$

그림 4.23 JH의 구조

JH를 해충방제에 이용하려는 발상은 1956년에 누에 유충에서 추출한 JH를 번데기에 처리하면 성충으로 변태하지 못한다는 것을 관찰한 이후에 나오게 되었다. JH의 주된 작용 중 하나는 유충형질의 유지이며 탈피와 변태는 JH와 탈피호르몬의 균형으로 조절된다. 어린 유충기에 JH가 충분히 분비된 상태에서 탈피호르몬이 분비되면 유충 탈피가 일어난다. 반면, 종령 유충에서는 JH가 급격히 감소되는 시기로, 이때 탈피호르몬이 작용하여 변태가 일어난다. 따라서 JH가 체내에서 감소되는 종령 유충에 인위적으로 JH를 처리하면 유충탈피가 일어나거나 유충과 번데기의 중간형(완전변태곤충) 또는 약충과 성충의 중간형(불완전변태곤충)이 일어나는 등 비정상적인 변태가 일어난다. 또한 JH는 알에도 작용하여 배아의 발육을 억제하고 치사작용을 나타낸다.

JH는 분자 내에 화학적으로 불안정한 epoxy, 이중결합, methyl ester 등의 구조를 갖고 있다. 또한 빛, 온도, 산, 알칼리 등 자연환경에서 쉽게 분해되기 때문에 해충방제제로 사용할 수 없다. 따라서 화학적 안정성을 증대시키기 위해 JH의 구조를 변형하여 강력한 JH 활성물질을 개발하였다. 최초에 실용화된 JH 활성물질인 methoprene은 포유류에 매우 저독성이기 때문에 모기나 파리의 방역용 약제, 애완동물의 벼룩과 이의 방제에 사용한다. 안정적이고 높은 활성을 보이는 fenoxycarb 및 pyriproxyfen은 벼룩, 바퀴벌레, 모기, 파리류의 위생 해충 외에 응애, 깍지벌레, 온실가루이, 오이총채벌레 등 농업 해충에 대해 우수한 방제효과를 나타낸다.

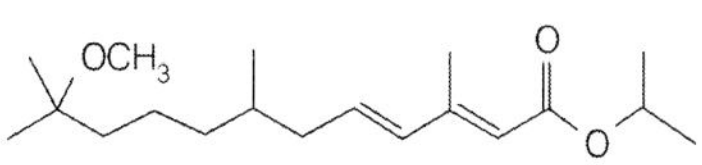

methoprene

또한 methoprene은 누에나방 5령 유충에 처리하여 유충기간을 늘리므로 해서 유충을 비대화시키고 누에고치의 무게를 증가시키는 생산량 증진제로 사용하고 있다. 이들 살충제는 곤충 체내에 존재하는 유약호르몬의 기능과 유사하게 작용하여 곤충의 정상적인 생리를 교란하여 죽게 한다.

### 4.4.2 탈피호르몬 수용체 작용제(ecdysone receptor agonists)

곤충의 탈피와 변태는 탈피호르몬에 의해 유도된다. 탈피호르몬 활성을 가진 스테로이드계 화합물(ecdysteroid)은 곤충 외에 새우나 게 등의 갑각류 등 60여 종의 무척추동물에서 발견되었다. 곤충은 스테로이드 골격을 합성할 수 있는 능력이 없기 때문에 식물에 포함된 스테로이드를 이용하여 전흉샘에서 ecdysone을 합성하여 체액 내에 분비한다. Ecdysone은 지방체(fat body)에서 20-hydroxyecdysone으로 산화되어 더 강한 활성을 나타낸다(그림 4.24).

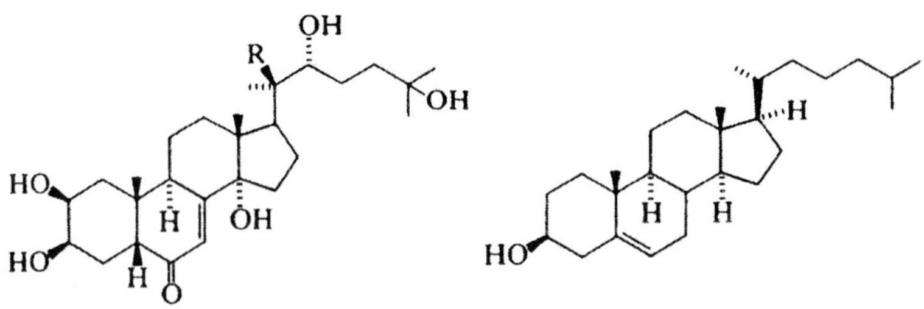


ecdysone, R = H
20-hydroxyecdysone, R = OH

cholesterol

**그림 4.24** 탈피호르몬의 구조

분비된 ecdysteroid는 표적세포에 도달하면 세포막을 통과하여 핵 내에 있는 ecdysone receptor(EcR)과 결합한다. EcR은 ultraspiracle(USP)라 불리는 수용체 단백질과 이종 2량체(hetero dimer)를 형성하고 있다. 이 이종 2량체와 ecdysteroid의 복합체가 DNA에 결합하여 초기 유전자의 전사를 유도한다.

식물 중에도 ecdysone과 유사한 구조를 가진 ponasterone A, cyasterone 등 탈피호르몬 활성물질(phytoecdysone)이 존재하는 것으로 알려져 있

## 연습문제

### 주관식

1. 살충제의 작용기작을 IRAC에서 제시한 28그룹 살충제 분류 기준에 대하여 설명하시오.

2. 유기인계 살충제의 작용기작에 관하여 설명하시오.

3. 합성피레스로이드계 살충제의 작용기작에 관하여 설명하시오.

4. 네오니코티노이드계 살충제의 작용기작에 관하여 설명하시오.

5. 키틴생합성 저해제의 작용기작에 관하여 설명하시오.

### 객관식

1. 다음 중 아세틸콜린 에스터라제를 저해하는 살충제는?
① fenitrothion ② cypermethrin ③ spinosad ④ acetamiprid

2. 다음 중 마이토콘드리아의 전자전달계 복합체 I에 작용하는 약제가 아닌 것은?
① fenproximate ② tebufenpyrad ③ spinosad ④ pyridaben

3. 다음 중 마이토콘드리아의 전자전달계 복합체 III에 작용하는 약제는?
① spiromesifen ② spirodiclofen ③ spirotetramat ④ acequninocyl

4. 다음 중 마이토콘드리아의 전자전달계 복합체 IV에 작용하는 약제는?
① malathion ② fenthion ③ phosphine ④ fenazaquin

5. 다음 중 유약호르몬 교란제가 아닌 것은?
① spinosad ② methoprene ③ pyriproxyfen ④ fenoxycarb

6. 다음 중 지질생합성을 저해하는 살충제가 아닌 것은?
① spirotetramat ② buprofezin ③ spirodiclofen ④ spiromesifen

7. 다음 중 라이아노딘 수용체에 작용하는 살충제가 아닌 것은?
① chlorantraniliprole ② cyantraniliprole
③ indoxacarb ④ flubendiamide

8. 다음 중 키틴생합성을 저해하는 살충제가 아닌 것은?
① malathion ② bistrifluron ③ chlorfluazuron ④ diflubenzuron

9. 다음 중 곤충의 신경전달물질이 아닌 것은?
① acetylcholine ② octopamine ③ dopamine ④ sulfoxaflor

10. 다음 중 진딧물류의 섭식을 차단하는 살충제는?
① chlorfenapyr ② etoxazol ③ flonicamid ④ dichlorvos



11. 다음 중 나트륨이온 통로의 불활성화에 관여하는 살충제가 아닌 것은?
① bifenthrin ② abamectin ③ cyhalothrin ④ esfenvalerate

12. 다음 중 마이토콘드리아의 전자전달계 복합체 II에 작용하는 약제인 것은?
① cyenopyrafen ② pyrimidfen ③ spinosad ④ pyridaben

정 답

1. ① 2. ③ 3. ④ 4. ③ 5. ① 6. ② 7. ③ 8. ① 9. ④ 10. ③ 11. ② 12. ①

# Chapter 05

## 살충제의 대사 · 분해

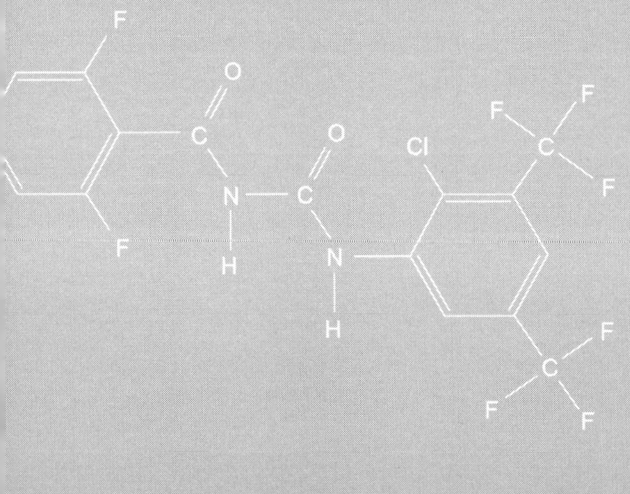

살충제는 작물을 보호하는 목적으로 작물이나 이들이 재배되는 토양에 살포된다. 즉, 살충제는 작물 재배 환경 내에 방출되는 화학물질이다. 살포된 살충제는 작물에 직접 또는 토양을 경유하여 흡수되기도 하고, 토양으로 유입되어 토양 하층으로 이동하기도 한다(그림 5.1). 작물 내에 잔류한 살충제는 사람이나 가축에게 섭취되며, 논이나 밭에 살포된 일부가 논 표면수에 남거나 하천 등으로 유입된다. 이와 같이 살충제는 환경 속에서 다양하게 이동되고, 동시에 각각의 장소에서 대사·분해된다.

대사에 관여하는 요소는 식물, 토양미생물, 동물 등이다. 분해는 식물이나 토양 표면, 수중에서 이루어지는데 광분해와 가수분해가 있다. 살충제의 대사·분해 방법은 화학구조에 따라 다양하다. 살포된 살충제가 환경 내에서 어떻게 이동하고 어떻게 대사·분해되어 소실되는지 밝히는 연구, 즉 환경과학 연구는 사람이나 환경에 대한 살충제의 안전성 평가를 위해 중요하다. 살충제를 안전하게 사용하기 위해서는 사용에 앞서 동물에 대한 독성시험과는 별도로 환경과학연구에 의해 환경동태를 밝히는 것이 필요하며 의무화되어 있다.

일반적으로 화학물질은 대사가 진행됨에 따라 지용성 물질에서 극성 수용성 물질로 변하며, 최종적으로 탄산가스로 무기화(mineralization)되는 것이 많다. 또한 독성이 낮아지는 경우가 대부분이나, 화학물질에 따라 반대로 독성이 더 높아지는 물질, 즉 활성대사물이 발생하는 경우도 있다. 대사·분해과정에서 활성대사물이 생성되지 않는지, 축적되는 물질이 생성되는지를 조사하는 것도 안전성 평가 관점에서 중요하다.

살충제는 일반적으로 선택성을 가지고 있다. 선택성이 있다는 것은 표적 대상에 대하여 강한 활성을 나타내나 다른 대상에는 활성이 낮거나 나타내지 않는다는 의미로, 선택성이 높은 살충제는 표적 해충에 대해서 강한 살충활성을 보이지만 포유독성이 낮고, 농작물에는 영향을 미치지 않는다. 화학물질의 선택성 기작은 일반적으로 생물·생육단계나 생체내 흡수·분해, 대사과정에 관여하는데 특히 대사과정이 중요한 역할을 하는 경우가 많다. 생체 내의 대사·분해에 관한 연구 결과는 화학물질의 선택성이나 저항성 기작을 규명하는 생화학적 연구에도 좋은 정보가 될 것이다(정 등, 2000; 桑野 등, 2005; 本田 등, 1996).

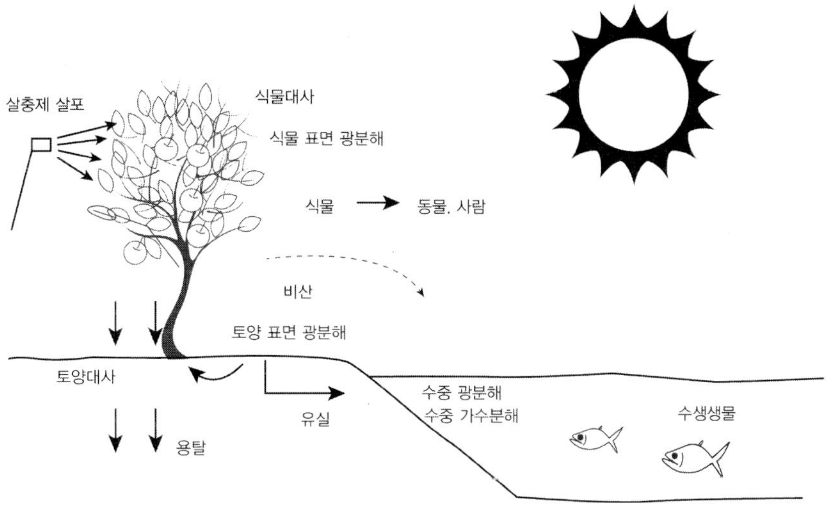


그림 5.1 살충제의 환경내 동태

## 5.1 생물이 관여하는 대사 · 분해

살충제가 환경 · 생체 내에서 대사 · 분해하는 데에는 많은 요인이 관여한다. 이때 화학반응을 보면 생물이 관여하는 분해(효소적 분해)와 생물이 관여하지 않는 분해(비효소적 분해)가 있다. 생물이 관여하는 효소적 분해로서 주된 반응은 다음과 같다.

### 5.1.1 산화(oxidation)

생체에서 산화대사의 중심적 역할을 하는 것이 cytochrome $P_{450}$이다. 이는 세포내 소포체의 지질 이중막 내에 존재하며 NADPH에서 전자에 의해 활성화된 효소와 기질이 결합하면 산화반응을 한다.

Cytochrome $P_{450}$에는 여러 종류의 subunit이 있는데, 크게 내인성물질의 생합성이나 대사에 관여하는 것과 생체이물(xenobiotics)의 대사에 관여하는 것으로 나눈다. 후자의 경우, 기질 특이성은 낮고 비교적 쉽게 효소발현이 유도된다. 어떤 종은 약물을 투여하면 약물 대사 활성이 높아지는 현상을 나타낸다. 현상은 이물대사형 cytochrome $P_{450}$ 효소계에 유도되는 것으로 설명된다. 이 산화적 대사효소군은 지용성 이물에 산소를 도입하여 극성이 높은 수용성 물질로 변환하는데, 이물의 독성을 저하시켜 생체 밖으로 배설되기 쉽게 하는 생체기작 중의 하나이다. 동물뿐 아니라 식물과 미생물도 이러한 효소활성을 가지고 있다. Cytochrome $P_{450}$이 관여하는 주요 대사는 다음과 같다(정 등, 2000; 桑野 등, 2005; 本田 등, 1996).

1) **수산화**(hydroxylation)

지방족 또는 방향족 화합물의 C-H 결합에 대해 산소원자가 도입되어 alcohol이나 phenol이 생성된다.

$$\text{R-H} \longrightarrow \text{R-OH}$$

2) *N*-**탈알킬화**(*N*-dealkylation), *O*-**탈알킬화**(*O*-dealkylation)

질소 또는 산소와 결합된 탄소는 cytochrome $P_{450}$에 의해 산소가 유입되기 쉬운 위치이다. 생성된 산화대사물은 불안정하여 알킬기가 계속하여 이탈한다. 탈메틸의 경우, 메틸기는 formaldehyde로 이탈한다.

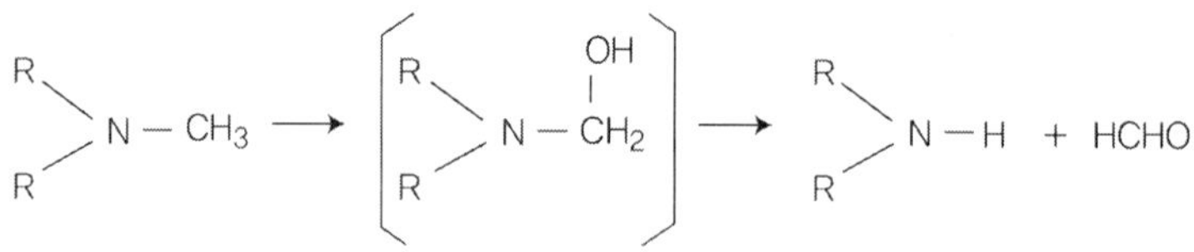

3) **에폭시화**(epoxidation)

지방족 및 방향족 이중결합에 대한 반응으로 반응성이 높은 epoxide가 생성된다.

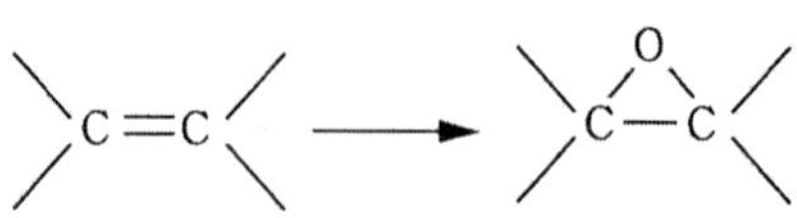

4) **아민 산화**(amine oxidation)

알킬아민이나 방향족아민은 질소원자 자신이 산화되어 hydroxylamine을 생성한다. 대사물인 hydroxylamine은 일반적으로 화학적으로 불안정하여 반응이 높다. 대사에 따른 활성화(독성이 강해지는 대사)의 하나로 보이며 독성상 중요한 의미를 가지는 경우가 있다.

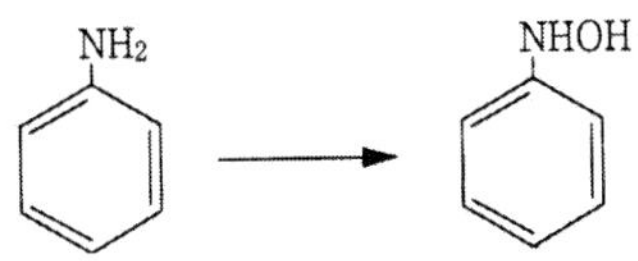


5) **탈황반응**(desulfuration)

유황원자가 산화되어 탈황되는 과정을 말한다. 유기인계 살충제 중 하나인 티오인산(P=S) ester류는 곤충 체내에서 산화되어 옥손(oxon, P=O)체로 변환되어 살충활성을 보인다. 해당되는 약제로는 diazinon, fenitrothion, malathion, parathion 등이 있으며, 각각 독성이 큰 diaoxon, fenitrooxon, malaoxon, paraoxon으로 활성화 된다.

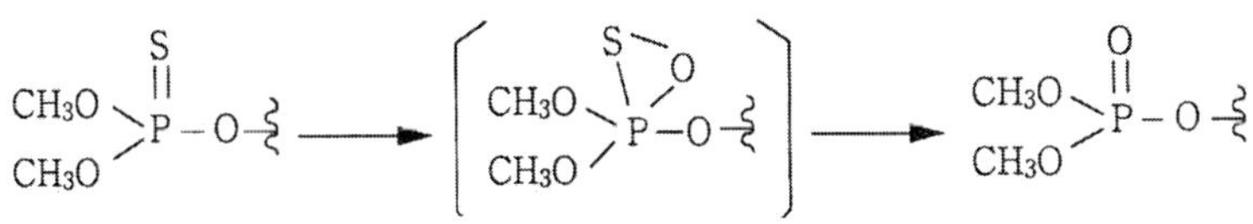


### 5.1.2 **가수분해**(hydrolysis)

카복실산(carboxylic acid) 유도체를 가수분해하는 esterase, peptidase는 포유류의 소화관, 혈중, 간 등의 조직에 존재하며 ester나 amide를 가수분해한다. Epoxide류는 에폭시히드라아제(epoxide hydrase)에 의해 diol류로 가수분해된다.

### 5.1.3 **환원**(reduction)

생체내의 대사에서 환원반응이 일어나는 예는 산화반응에 비하면 극히 적다. 포유류에서 환원반응은 간이나 혐기성 조건에 있는 장내 세균에 의해 일어난다. 토양에서는 주로 미생물에 의한 반응이 일어나고, 담수 상태의 논에서는 하층부분이 혐기성 조건이 형성되기 쉬워 환원반응이 진행되기 쉽다. 환원적 대사를 받는 작용기는 nitro기, azo기, *N*-oxide, carbonyl기, 이중결합, *C*-할로겐 등이다.

### 5.1.4 결합(conjugation)

산화나 가수분해는 지용성물질에 극성기(OH, SH, COOH, $NH_2$ 등)가 도입(제1반응)된 후, 이어 결합반응이 일어난다(제2반응). 수산기나 아미노기 기질에 대해 포유류는 글루쿠론산 결합(glucuronic acid conjugation), 황산 결합(sulfuric acid conjugation), 글루타치온 결합(glutathione conjugation), 글리신 결합(glycine conjugation) 등이 일어나며, 식물은 글루코오스 결합(glucose conjugation)이 일어나는 것으로 알려져 있다.

반응에는 각각의 전이효소가 관여한다. 글루쿠론산 결합의 경우는 UDP-glucuronyl transferase의 작용으로 기질은 활성 글루쿠론산과 결합반응한다. 이러한 결합반응으로 기질의 극성이 크게 증가하고 수용성이 증가하여 동물 체외로 쉽게 배설되어 대부분의 경우 화합물의 독성이 크게 저하된다.

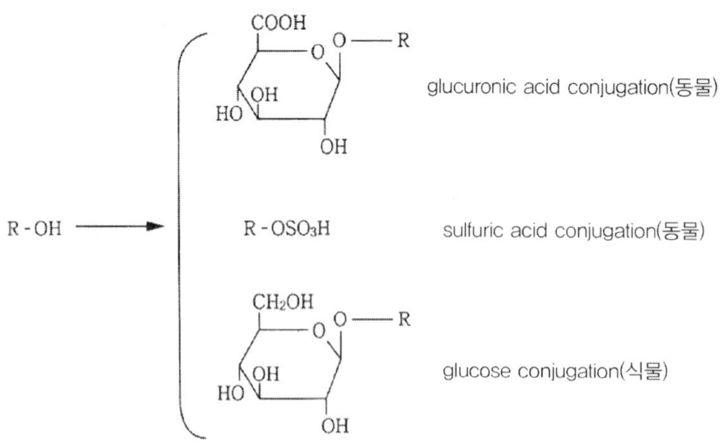

## 5.2 광분해

살충제는 자연환경에서 태양광에 의해 광분해와 열분해로 비효소적 분해가 일어난다. 태양광에 강한 에너지 단파장을 가진 자외선이 오존층에 흡수되어 지상에 도달하여 290~450nm의 파장영역의 빛이 화학변화를 일으킨다. 빛에너지에 의해 기저상태(에너지가 가장 낮고 안정된 상태)에 있는 분자궤도 전자가 에너지를 일으켜 분자내 또는 분자 간 반응이 일어난다. 광에너지에 의해 산소분자가 에너지를 일으키고 반응성이 높은 일중항산소(singlet oxygen)가 생성되어, 기질에 대해 산소 첨가 반응이 일어나는 것을 광산화(photooxidation)라고 한다.

벤조페논(benzophenone)이나 acetone 등의 물질은 빛에 의해 에너지를 일으키는데, 그 자체는 변화하지 않고 광에너지를 기질로 전이하여 간접적으로 광반응을 유도하는 경우가 있다. 이와 같은 물질을 광증감 물질이라 부른다. 자연계에 존재하는 광증감 물질로 chlorophyll, 부식산(humic acid, 토양에 존재하는 박테리아와 미량 요소들의 농축된 집합체) 등이 있다.

살충제의 수중 광분해를 논 표면수에서 실시하면 분해가 빠르게 일어난다. 이것은 논 표면수에 존재하는 광증감 물질에 의한 것으로 볼 수 있다. 광분해 반응은 빛의 파장이나 강도, 기질의 상태, 산소나 광증감 물질이나 소광 물질의 유무 등에 따라 다르며 복잡하다(정 등, 2000; 桑野 등, 2005; 本田 등, 1996).

## 5.3 대사 · 분해

살충제의 대사・분해는 안전성을 평가할 때, 화학물질의 화학변환뿐만 아니라 생체 내의 흡수이행성, 대사・분해의 속도, 조직내 농도 등을 모두 고려해야 한다. 여기서는 유기인계인 fenitrothion과 합성피레스로이드계인 fenvalerate 살충제가 환경내, 토양, 식물, 동물에 대한 대사에서 나타난 화학변환을 중심으로 소개한다.

### 5.3.1 Fenitrothion

Fenitrothion(그림 5.2)은 유기인계 살충제이다(3.1.4장 참조). 인산 ester 구조는 중성에서 안정적이지만 알칼리성을 띠면 염기촉매의 가수분해를 통해 즉 P-*O*-aryl 결합이 깨지게 된다. 수중 광분해에서는 벤젠고리의 methyl기가 카복실산(carboxylic acid)으로 산화된 카복실 페니트로티온(carboxylic fenitrothion), P=S 결합이 산화되어 P=O가 된 fenitrooxon, *O*-demethyl 체인 demethyl fenitrothion 및 P-*O*-aryl 결합의 계열이 관찰된다.

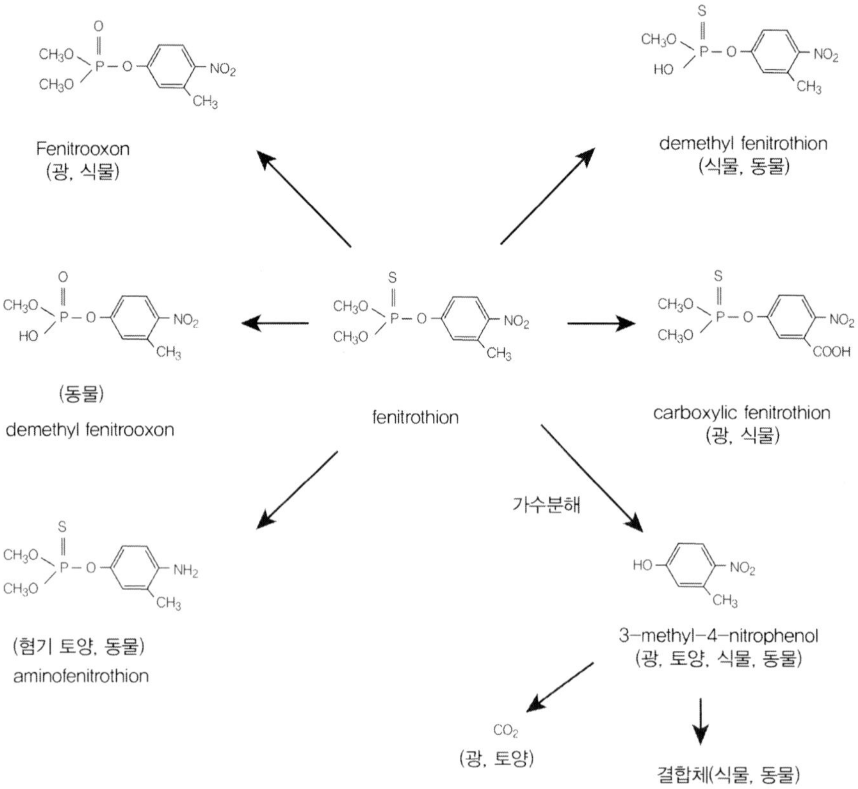


**그림 5.2** Fenitrothion의 주요 대사 · 분해 경로

호기적(산화적) 토양에서는 P-*O*-aryl 결합이 주로 일어나 3-methyl-4-nitrophenol을 생성한다. 반면, 혐기적 토양에서는 nitro기의 amino기로의 환원반응이 일어난다.

식물(사과, 콩) 대사에서는 fenitrooxon, demethyl fenitrothion, 3-

methyl-4-nitrophenol에 glucose가 접합된 물질이 검출되었다. 식물의 경엽에 살포한 경우 대사분해는 식물대사보다 오히려 광분해가 크다.

쥐에 경구투여한 경우, 검출된 주요 대사물은 desmethyl fenitrothion, demethyl fenitrooxon, 3-methyl-4-nitrophenol과 황산(sulfuric acid) 결합체 및 글루크론산(glucuronic acid) 결합체이며 주로 오줌으로 배설된다. 반면, 반추동물인 염소에 투여한 경우는 nitro기가 amino기나 아세틸아미노(acetylamino)기로 환원된 대사물이 생성된다. 환원된 대사물은 동물의 장 내 세균에 의한 것으로 추정된다(Aizawa, 1989; 桑野 등, 2005).

### 5.3.2 Fenvalerate

Fenvalerate(그림 5.3)는 합성피레스로이드계 살충제의 하나로 천연피레트린이 가진 cyclopropane ring을 갖지 않는 특징이 있다(2.1.2장 ④ 참조). Fenvalerate는 중성에서 안정적이지만 알칼리에서는 ester의 가수분해가 일어나 2-(4-chlorophenyl)-3-methylacetic acid, CPIA)과 3-phenoxybenzoic acid, 3-PBA)을 생성한다. 광분해물로서는 탈탄산된 대사체나 가수분해물이 검출된다.

토양 내의 주요 대사는 ester 가수분해, 페녹시페닐(phenoxyphenyl)의 4′위치의 수산화, cyano기의 amide기나 카복실기(carboxylic acid)의 산화가 나타났다. 식물에서는 처리부위에 이행성은 적고, 대사로서 ester 가수분해, 페녹시페닐기의 2′위치 또는 4′위치의 수산화, cyano기에 amide기나 카복실기의 가수분해가 일어난다. 옥외 시험에서 탈탄산한 분해물이 검출되는데 이것은 광분해에 의한 것이라 추정되며, 생성된 카복실산(carboxylic acid)이나 페놀(phenol)류는 다시 glucose와 결합(conjugation)한다.

포유동물에서는 페녹시페놀기의 2′위치 또는 4′위치의 수산화 및 그 글루크론산 결합이나 황산 결합, ester 가수분해, 또한 alcohol 쪽의 대사물인 3-PBA는 glycine 결합, 타우린 결합, 황산결합을 나타낸다(Aizawa, 1989; 桑野 등, 2005).

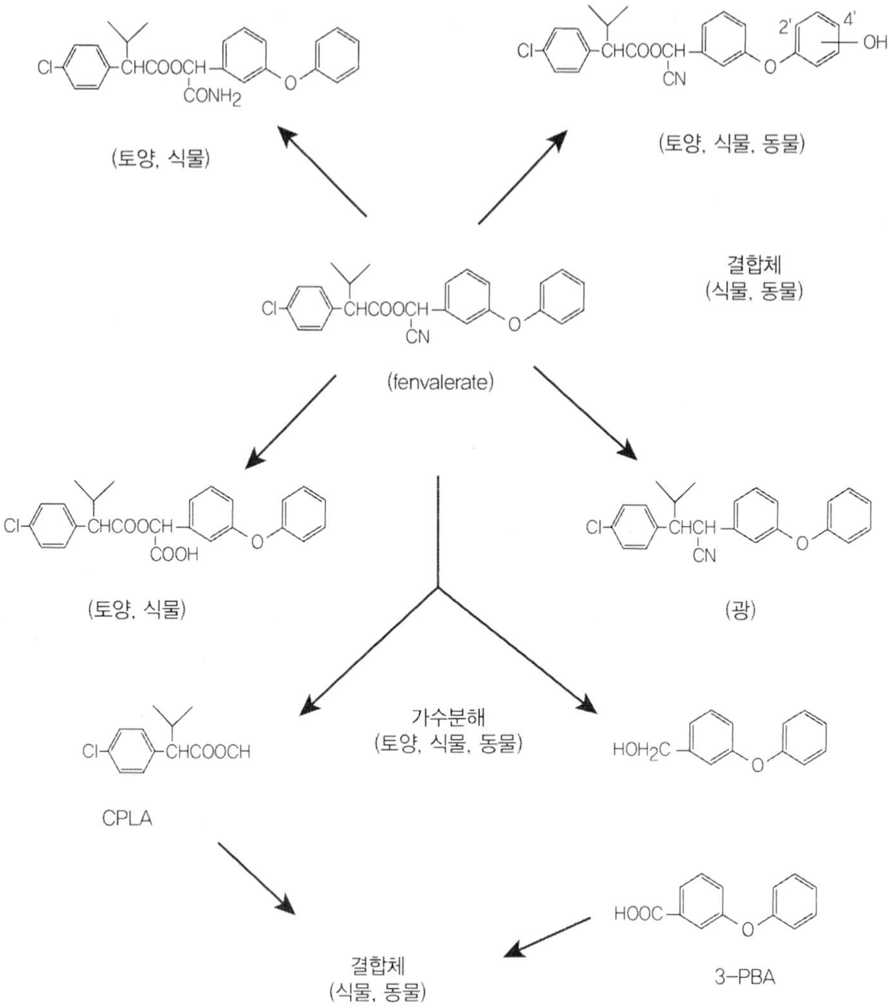


**그림 5.3** Fenvalerate의 주요 대사 · 분해 경로

## 연습문제

### 주관식

**1.** Fenitrothion의 대사·분해에 관하여 화학적으로 설명하시오.

**2.** 생물이 관여하는 살충제의 대사·분해에 관하여 설명하시오.

### 객관식

**1.** 다음 중 살충제의 대사·분해 과정에서 산화(oxidation)에 해당하지 않는 것은?

① 수산화 ② 에폭시화 ③ amine의 산화 ④ 가수분해

**2.** 다음 중 fenitrothion의 대사·분해 과정에서 생성되는 물질이 아닌 것은?

① fenitrooxon ② demethyl fenitrothion

③ carboxylic acid ④ 3-methyl-4-nitrophenol

**3.** 다음 중 fenvalerate의 대사·분해 과정에서 생성되는 물질은?

① 3-phenoxybenzoic acid ② *S*-ethyl glutathions

③ hydroxymethyl ④ 1-napthol

**정 답**

1. ④ 2. ③ 3. ①

# Chapter 06

## 살충제의 선택독성 및 저항성

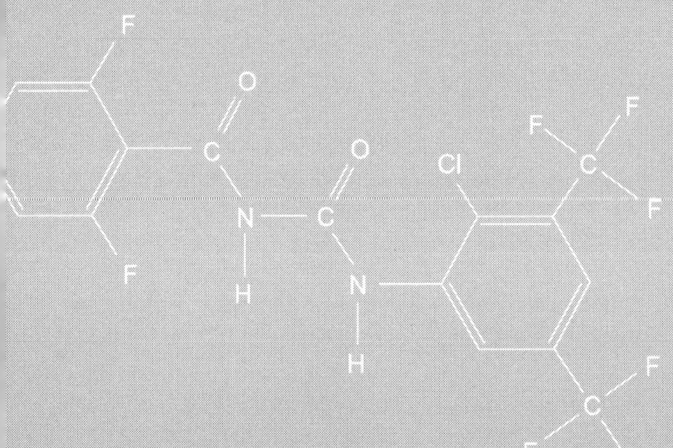

## 6.1 살충제의 선택독성

약제가 어떤 종류의 생물에는 효과를 나타내지만 다른 종류의 생물에는 효과가 없는 경우를 선택성(selectivity) 또는 선택독성(selective toxicity)이라고 한다. 2차 세계대전 전후에 개발된 살충제는 효력에 중점을 두었으나 오늘날에는 인체나 작물에 대한 독성이 적고 해충에 강한 효과가 있는 선택성 약제를 개발하는 방향으로 가고 있다.

살충제의 선택성은 기작에 따라 생태적 선택성과 생리적 선택성으로 나누어진다. 이 중 생리적 선택성은 작용점에서 약량이 많고 적음에 따라 양적 선택성과 작용점에 대한 친화성 유무에 따른 질적 선택독성으로 나눈다(桑野 등, 2005; 本田 등, 1996; 山本과 深見, 1979; 浜弘, 1992).

### 6.1.1 생태적 선택독성

BT제와 같은 소화중독제는 식엽성 곤충에 대해 강한 독성을 나타내지만, 꿀벌이나 기생벌과 같이 작물을 가해하지 않는 곤충에게는 영향을 미치지 않는다. 이와 같이 생물 간의 생태적인 차이에 따라 발생하는 선택성을 생태적 선택독성이라 한다.

### 6.1.2 생리적 선택독성

#### 1) 살충제의 흡수, 이행성에 따른 선택독성

포유동물에 대한 DDT, BHC, rotenone의 경피독성은 매우 약하나 체내에 주입하면 곤충에 대한 독성만큼 강하게 나타난다. 이것은 선택독성이 포유동물과 곤충의 피부 투과성의 차이에 기인하는 것이다.

살충제의 선택독성은 생체 내의 살충제 이행량의 차이에서도 나타난다. 예를 들어, 페닐수은제는 알킬수은제 처럼 만성 수은중독을 일으키지 않는다. 이것은 페닐수은제가 알킬수은제와는 달리 뇌-혈액 관문을 통과하여 뇌 내에 들어가지 않기 때문이다. 살충제 fenitrothion이 인체독성을 낮게 나타내는 것은 뇌-혈액 관문을 통과하지 않는 것이 원인이다.

### 2) 살충제의 활성화반응에 따른 선택독성

작용점에 도달한 살충제는 독성을 발휘하여 곤충을 죽게 한다. 예를 들어 malathion은 곤충 체내에 들어가면 지방체와 중장에서 산화효소(mixed function oxidase)에 의해 malaoxon으로 활성화되고, 신경의 자극전달물질인 아세틸콜린을 분해하는 AChE의 기능을 저해하여 곤충을 죽게 한다(그림 6.1).

또한 BT제의 살충성분인 δ-endotoxin은 pH10~11의 알칼리 용액에서 분해되며 강한 독성을 보인다. 따라서 알칼리성 소화액을 가진 나비목 해충에는 강한 독성을 보이지만, 산성 소화액을 가진 곤충이나 포유동물에는 독성을 보이지 않는다.

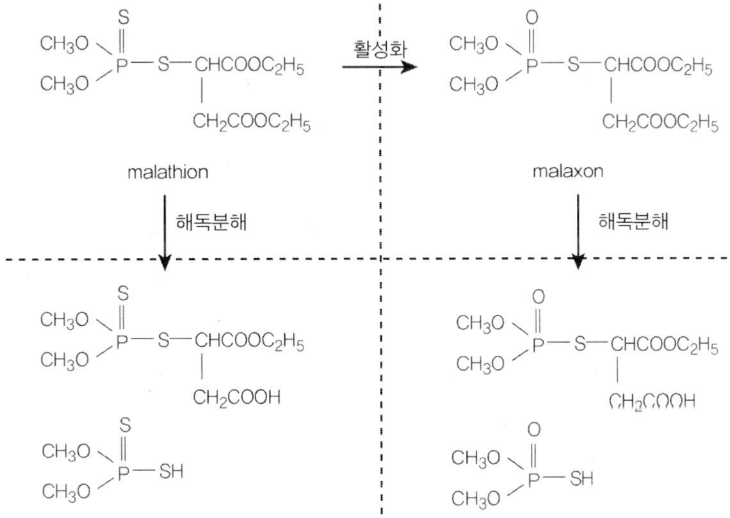


그림 6.1 Malathion의 활성화와 불활성화 반응

### 3) 살충제의 불활성화(해독분해) 반응에 따른 선택독성

Malathion과 malaoxon은 곤충 체내에서 효소에 의해 그림 6.1과 같이 분해 · 해독된다. 효소활성의 차이는 선택독성에 영향을 미치며, malaoxon은 포유동물과 곤충 간에 높은 선택독성을 나타낸다. 이것은 가수분해효소인 carboxylesterase는 포유동물에서 활성이 커서 작용점에 도달하기 전에 해독

되지만, 활성이 약한 곤충은 체내에서는 쉽게 분해되지 않는다.

살충제의 활성화 또는 불활성화 반응의 선택성은 작용점의 약제농도에 기인한다. 작용점 자체는 감수성이므로 선택성을 보이지 않는다. 예를 들어, DCPA(제초제)에 유기인계 살충제나 카바메이트계 살충제를 혼용하거나 근접 살포하면, 벼 체내의 arylacylamidase가 불활성화되어 DCPA가 분해되지 않고, 벼에 강한 약해를 일으킨다(그림 6.2).

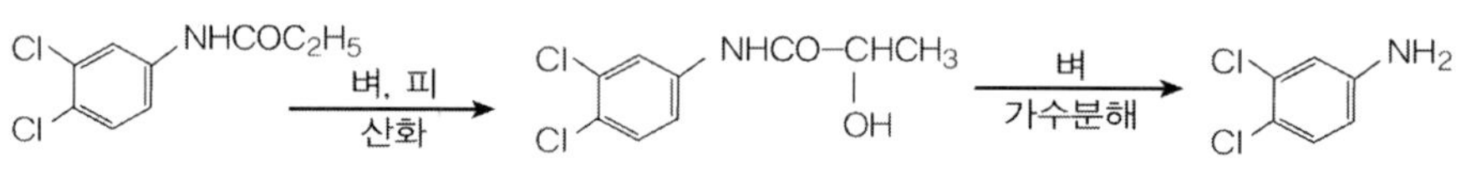


**그림 6.2** DCPA의 불활성화 반응

#### 4) 작용점에 대한 살충제의 친화성에 따른 선택독성

Methylparathion의 phenylester기 meta 위치에 메틸($CH_3$)기를 치환한 fenitrothion은 methylparathion과 동등한 살충력을 보인다. 그럼에도 포유동물에 대한 독성이 낮은데 이것은 메틸($CH_3$)기의 생리적 장애로 인해 포유동물의 AChE에 대한 친화성이 낮기 때문이다. 피레스로이드 살충제의 경우 곤충의 전위의존성 나트륨 이온 채널에는 높은 친화력을 보이나 포유류의 중추신경계 나트륨 이온 채널에는 상대적으로 낮은 저해력을 보임으로써 포유류에 대한 선택독성이 현저히 낮다. 또한 피레스로이드는 저온일수록 살충작용이 높으므로 곤충에 비해 상대적으로 체온이 높은 포유류에는 독성이 낮게 된다. 뿐만 아니라 네오니코티노이그계 살충제는 곤충의 니코틴성 아세틸콜린 수용체에 높은 활성을 보이는데, 포유류 뇌에 니코틴성 아세틸콜린 수용체는 친화성이 낮아 선택독성의 원인이 된다.

#### 5) 대사계의 유무에 따른 선택독성

동물세포에는 식물세포와 같은 엽록체나 세포벽이 존재하지 않는다. 따라서 DCMU나 CAT 등의 힐반응 저해제나 페니실린, 폴리옥신, DBM 등의 세포벽 합성 저해제는 동물에 대한 독성이 약하다. 그러나 세포벽의 생합성 소재인 glucose나 *N*-acetylglucosamine은 세포벽 이외에도 이용되고 있기 때문에 세포벽 합성 저해제도 세포벽 생합성계의 초기 단계에  작용하는 약제는 선택성이 없다. 하지만 선택성을 나타내기 위해서는 세포벽 생합성 과정 말단 부분을 저해해야 한다.

생물은 오랜 역사 속에서 오늘날과 같이 다양하게 분화되었으며, 서식 환경에 적합하게 적응해 왔다. 이것은 생물의 내면적인 생리기능에 대해서도 동일하며 생물의 종류에 따라 특수한 대사계를 갖는다. 따라서 해충에 특유의 대사계를 발견하여 이를 선택적으로 저해하는 약제를 찾아야 한다. 대사경로의 분화에 대한 연구는 선택독성 약제를 탐색하는 데 아주 중요하다. 마이토콘드리아 복합체 I를 작용점으로 하는 살비제는 응애에 활성이 높고 포유류 독성이 낮은 원인은 작용점의 구조가 다르기 때문이 아니라 포유류의 높은 대사활성 때문이다.

## 6.2 살충제 저항성

살충제에 대한 저항성(resistance)에는 동일종 개체의 전부가 저항성을 보이는 자연저항성(natural resistance)과 감수성 종 중에서 일부 계통만 저항성을 보이는 획득저항성(acquired resistance)이 있다.

살충제 저항성은 일반적으로 획득저항성을 의미하고, 세계보건기구(WHO)에서는 "곤충의 정상적인 집단에서 대다수를 죽일 수 있는 약량에서 견디어 낼 수 있는 능력"이라고 정의하였다. 내성(tolerance)은 살충제를 처리했을 때 개체들이 살아남을 수 있는 능력을 말하는데 개념상 저항성과 유사하나 일반적으로 단일 세대에서 발견되는 현상을 일컫는다. 이에 비해 약제저항성은 다세대에 거쳐 발달하며 후세대에 유전됨을 전제로 한다.

생물은 환경에 적응하는 능력을 가지고 있는데, 곤충은 특히 세대가 짧고 번식력이 높으며, 적응이 매우 빨라서 약제저항성도 빨리 발달한다. 약제저항성 문제는 제2차 세계대전 이전부터 인식되었지만 세계적으로 주목받은 것은 효과가 높은 유기합성 살충제를 대량으로 사용하면서 부터이다.

살충제 저항성 해충의 최초 보고는 1908년 미국 샌호제깍지벌레의 석회유황합제이고, 1947년 이탈리아에서 DDT 저항성 집파리와 빨간집모기가 발견된 이래 1986년에는 447종이 보고되었다(Georghiou, 1986). 그중 농업해충은 264종, 위생해충은 171종, 그 외 12종이었다. 2000년도에는 500종 이상의 절지동물에 저항성이 발달되었다(Bills 등, 2000).

살충제에 대해서 곤충은 여러 가지의 방어기작을 갖고 있으며 곤충의 종류에 따라 다르다. 그러한 방어기작의 질적, 양적 차이는 약제에 대한 감수성의 차이(선택독성)라 할 수 있다. 결국 방어기작의 차이는 종간에 일어날 수 있는 약제의 선택독성이며, 동일종 내에서도 저항성이 다르게 나타날 수 있다.

약제에 대한 곤충의 생리 · 생화학적 요인의 방어기작은 피부저항, 체내저항, 작용점 저항이 있다(표 6.1). 이 세 가지 저항성 기작 중 1～2가지가 작용하거나 세 가지 모두가 작용하여 저항성계통의 곤충은 살충제에 노출되어도 죽지 않는다.

표 6.1 해충의 살충제 저항성 작용기작

| 생리·생화학적 요인 |
|---|
| ① 피부 투과성의 저하(피부저항) |
| ② 해독대사활성의 증대(체내저항)<br>ⓐ 가수분해효소(esterase)<br>ⓑ 산화효소(cytochrome $P_{\text{-}450}$)<br>ⓒ 전이효소(glutathione *S*-transferase) |
| ③ 작용점의 살충제 감수성 저하(작용점 저항성)<br>ⓐ AChE의 감수성 저하<br>ⓑ ACh 수용체의 성질 변화<br>ⓒ 신경막의 감수성 저하 |

## 6.3 살충제 저항성 발달과 유형

### 6.3.1 살충제 저항성 인자

살충제 저항성 출현에는 변이와 도태라는 두 가지 과정이 있다. 변이의 원인으로는 약제를 사용하기 전에 이미 돌연변이가 일어나 저항성 해충이 존재한다는 전적응설과 약제가 돌연변이를 일으킨다는 후적응설이 있다. 일반적으로 약제를 전혀 사용하지 않은 포장에서 극히 낮은 비율로 살충제 저항성 개체가 발견된다는 사실에서 전적응설이 지지를 받기도 하나, 후적응설도 부정할 수 없다.

곤충의 살충제 저항성 발달은 염색체 상에 있는 저항성 유전자에 의해 지배를 받으며 저항성 유전자는 완전우성인 것에서 완전열성인 것까지 다양하다. 일반적으로 저항성 발달은 우성이 열성보다 그리고 성염색체의 지배를 받을 때 더 빠르다.

집파리의 DDT 저항성은 3개의 주동저항성 유전자에 지배를 받고 있다. 집파리는 5쌍의 상염색체와 1쌍의 성염색체를 가지고 있다. 제1저항성 유전자는 제2염색체 상에 위치하는 Deh라 불리는 우성유전자로 DDT 탈염산효소를 지배한다. 제2저항성 유전자는 제3염색체 상에 위치하는 kdr라 불리는 열성유전자로 DDT의 작용점인 신경막의 감수성을 저하시킨다. 또한 제3저항성 유전자는 제5염색체 상에 있는 DDT-md라 불리는 우성유전자로 마이크로솜 산화효소를 지배하고 있다는 사실이 밝혀졌다. DDT-md를 제외하고 DDT 탈염산효소, 유기인계의 저항성에 관여하는 glutathione *S*-tranasferase, phoshatase, carboxylesterase 등의 해독효소를 지배하고 있는 유전자가 모두 제2염색체 상에 존재하고 있다는 사실은 흥미롭다.

살충제 저항성은 유전자의 돌연변이에 의한 것 외에, 염색체나 핵의 이상으로 발현한다. 예를 들어, 유기인계 저항성 복숭아혹진딧물은 제3염색체의 일부가 절단되어 제1염색체에 전좌하고 유기인계를 분해하는 arylesterase 활성이 정상개체보다 높다는 사실이 밝혀졌다.

해충은 피레스로이드의 빈번한 사용으로 저항성을 갖는다. 저항성에는 작용점의 감수성 저하 즉, kdr(knockdown resistance)와 super-kdr가 있다. 이 저항성들은 곤충에서 전위의존성 나트륨 채널인 *para* subunit의 domain I, II, III의 S6, domain II의 S5와 세포질측 S4-S5 연계 등 5개 장소 이상에서 발생한 다양한 아미노산 변이에 의해 유발된다(그림 4.7). 또한 이들을 발현시킨 채널에서는 피레스로이드에 대한 친화성 · 효력의 저하가 확인되있다.

복숭아혹진딧물과 목화진딧물의 imidacloprid 저항성(IMI-R)은 니코틴성 아세틸콜린 수용체(nAChR) *beta* 1 loop D 위치의 R81T(AGA→ACA) 점돌연변이(point mutation)(Bass 등, 2011; Koo 등, 2014)가 관여하는 것으

로 보고되었다. 목화진딧물의 약제저항성 모니터링에서 저항성비가 4배인 청주-A 집단을 제외하고 모든 집단에서 R81T 점돌연변이가 확인되었으므로 R81T 돌연변이의 유전형을 저항성 모니터링 마커로 활용할 수 있다(Koo 등, 2014)(표 6.2).

표 6.2 Imidacloprid에 대한 S 계통, IMI-R 계통 그리고 6개 지역집단 목화진딧물의 저항성비와 nAChR β1 subunit의 81번째 아미노산 돌연변이 진단

| | 목화진딧물 | | | | | | | |
|---|---|---|---|---|---|---|---|---|
| | S | IMI-R | 부여-A | 부여-B | 여주-A | 여주-B | 청주-A | 청주-B |
| 저항성비[1)] | 1.0 | 35,957.1 | 1,542.8 | 49.3 | 1,406.4 | 26.4 | 4.3 | 790.0 |
| position 81st Amino acid | AGA (R) | ACA (T) | ACA (T) | ACA (T) | ACA (T) | ACA (T) | AGA (R) | ACA (T) |

[1)]저항성계통 지역집단의 $LC_{50}$ / 감수성계통의 $LC_{50}$

### 6.3.2 교차저항성과 역상관교차저항성

어떤 살충제에 대해 저항성이 높아지면 다른 살충제에 대해서도 저항성을 보이게 되는 경우가 있다. 복수 저항성 유전자가 2종 이상의 약제에 대해 저항성을 보이는 것을 복합저항성(multiple resistance), 단일 저항성 유전자가 2종 이상의 약제에 저항성을 보이는 것을 교차저항성(cross-resistance)이라 하는데, 양자를 구별하는 데는 유전자 해석을 하거나 저항성 기작을 밝힐 필요가 있다. 예를 들어, 유기인계·카바메이트계 저항성 끝동매미충과 같이 화학구조나 저항성 기작이 다른 약제 간에 보이는 저항성은 복합저항성이며, 화학구조나 작용기작이 유사한 유기인계 상호간에 보이는 저항성은 교차저항성이라고 한다. 그러나 DDT와 피레스로이드계와 같이 전혀 다른 화학구조를 가지고 있어도 작용점이 같고 동일한 유전자(kdr)에 의해 교차저항성을 보이는 것이 있으므로 주의해야 한다.

또, 어떤 살충제에 저항성이 발달하면 다른 살충제에 대해 반대로 감수성이 높아지는 경우가 있다. 이것을 역상관교차저항성(negative correlated cross-resistance)이라 한다.

Imidacloprid 저항성계통(IMI-R strain) 목화진딧물에 대한 교차저항성 유무를 보면(표 6.3), 네오니코티노이드계 6종 약제에 대해 높은 교차저항성, deltamethrin, esfenvalerate 그리고 flonicamid에서 낮은 교차저항성을 나타낸 반면 sulfoxaflor는 저항성비가 0.3배로 역상관교차저항성을 나타내었다(Koo 등, 2014).

표 6.3 Imidacloprid 저항성계통(IMI-R)에 대한 11약제의 교차저항성

| 약제 | 계통 | $LC_{50}$ (ppm) | 저항성비[1)] | 약제 | 계통 | $LC_{50}$ (ppm) | 저항성비[1)] |
|---|---|---|---|---|---|---|---|
| *Neonicotinoids* | | | | *Pyrethroids* | | | |
| Acetamiprid | S | 0.0028 | 1.0 | Bifenthrin | S | 0.04 | 1.0 |
| | IMI-R | 192.3 | 68,678.6 | | IMI-R | 0.05 | 1.3 |
| Clothianidin | S | 0.003 | 1.0 | Deltamethrin | S | 0.02 | 1.0 |
| | IMI-R | 17.86 | 5,953.3 | | IMI-R | 0.34 | 17.0 |
| Dinotefuran | S | 0.71 | 1.0 | Esfenvalerate | S | 0.006 | 1.0 |
| | IMI-R | 371.5 | 523.2 | | IMI-R | 0.09 | 15.0 |
| Imidacloprid | S | 0.014 | 1.0 | | | | |
| | IMI-R | 503.4 | 35,957.1 | *Others* | | | |
| Thiacloprid | S | 0.003 | 1.0 | Flonicamid | S | 0.0085 | 1.0 |
| | IMI-R | 856.3 | 285,433.3 | | IMI-R | 0.53 | 62.4 |
| Thiamethoxam | S | 0.14 | 1.0 | Sulfoxaflor | S | 0.007 | 1.0 |
| | IMI-R | 199.1 | 1,422.1 | | IMI-R | 0.002 | 0.3 |

[1)]저항성비 = 저항성계통(IMI-R)의 $LC_{50}$ / 감수성계통(S)의 $LC_{50}$

### 6.3.3 살충제 저항성의 발달

살충제 저항성의 발달은 다음과 같은 인자에 의해 지배를 받는다.

### 1) 살충제의 종류

살충제에는 저항성이 발달하기 어려운 것과 쉬운 것이 있다. 일반적으로 세포독과 같은 비선택성 약제는 생체 내의 작용점이 많고 저항성을 획득하는 데 많은 유전자와 관계가 있으므로 저항성이 발달하기 어렵다. 이에 반해, 대사독과 신경독 같은 선택성 약제는 작용점이 한정되어 있어 소수 작용점 유전자의 돌연변이로 저항성을 획득하므로 저항성이 발달하기 쉽다. 또한 선택성 약제는 작용력이 강하고 도태압이 높다는 것도 저항성이 발달하기 쉬운 원인이 된다.

살충제 저항성 발달은 그림 6.3과 같이 살충제를 연용하여도 저항성이 거의 발생하지 않은 ①의 유형과 ②의 유형은 살충제를 처리해도 저항성비가 낮아 방제가 가능하다. 한편 짧은 기간에 높은 저항성이 생기는 ④의 유형과, ③의 유형처럼 초기에는 낮은 수준으로 경과하다가 후반에 높은 저항성이 발생하는 경우도 있다.

저항성은 이처럼 해충이나 살충제의 종류에 따라 다양한 발달단계가 있다. ③의 유형처럼 저항성이 단계적으로 높아지는 예로서 배추좀나방의 유기인계 저항성이며, ④의 유형처럼 단기간에 높은 저항성을 발생시키는 예는 배추좀나방, 복숭아혹진딧물, 목화진딧물의 피레스로이드 저항성을 들 수 있다(浜弘, 1992).

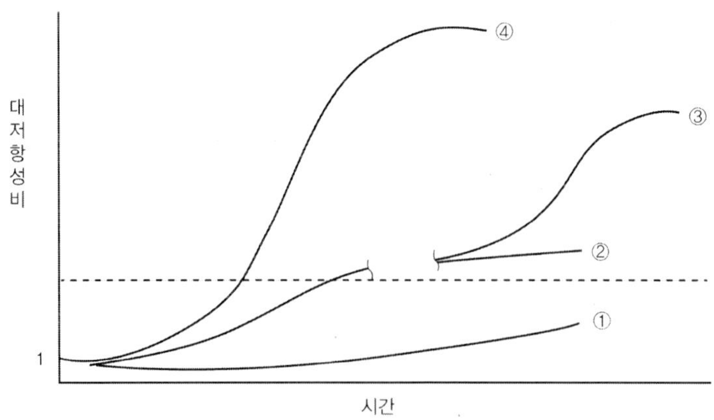


(점선은 살충제 살포 방제 가능 한계)

그림 6.3 살충제 저항성 발달 유형

약제 저항성 발달이 느린 해충도 있다. 배추밭에서 쉽게 볼 수 있는 배추흰나비는 배추좀나방과 같은 환경에 서식하며 주요한 해충이지만 아직 살충제 저항성이 발현되었다는 보고가 없다. 또한 각종 작물을 가해하는 도둑나방도 살충제의 도태를 받고 있지만 약제 감수성이 높은 것으로 알려져 있다(浜弘, 1992).

2) **저항성 유전자의 우열성**

저항성 유전자가 우성인 것은 열성인 것보다 저항성의 발달이 빠르다. 저항성 유전자가 우성인 경우는 저항성의 동형접합(homozygous) 개체 뿐 아니라 이형접합(heterozygous) 개체도 저항성을 보이므로 저항성 유전자의 빈도가 빨리 높아져 결과적으로 저항성이 발달이 빨라진다.

일반적으로 잡종 $F_1$ 세대는 감수성 또는 저항성을 나타낸다. 각각의 저항성 유전자가 나타내는 우성과 열성에 대하여 Georghious(1969)는 다음과 같이 분류했다. 유전자형은 RR(우성), RS(중간형), SS(열성)로 나타낸다.

① 완전열성(completely recessive): RS는 SS와 같은 표현형을 나타낸다.
② 불완전열성(incompletely recessive): RS는 SS보다 저항성이며 중간형보다 저항성 정도는 낮다.
③ 중간형(intermediate): RS가 RR과 SS의 표현형의 로그(log) 평균적 형질을 나타낸다.
④ 불완전우성(incompletely dominant): RS는 중간형보다 저항성이지만 RR정도의 저항성은 아니다.
⑤ 완전우성(completely dominant): RS가 RR와 같은 표현형을 나타낸다.

예를 들어 감수성과 100배의 저항성을 나타내는 계통이 있다고 가정할 때 잡종 $F_1$ 세대가 10배 이하의 저항성을 나타내면 불완전열성, 10배의 저항성을 나타내면 중간형, 10~100배까지는 불완전우성이다. 이것을 그림 6.4에 나타내었다.

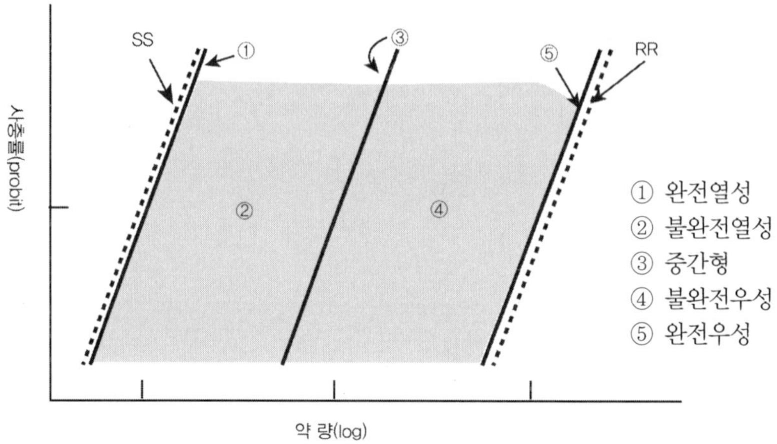


그림 6.4 잡종 $F_1$ 세대의 약량과 사망률직선(山本과 深見, 1979)

피레스로이드계인 fenvalerate에 대한 fenvalerate 저항성 배추좀나방의 유전양식 조사에서 $F_1$ 세대(S♀ × R♂, R♀ × S♂)의 우성도는 각각 −0.50, −0.46로 불완전열성을 나타냈다(표 6.4).

표 6.4 Fenvalerate 저항성계통과 감수성계통 배추좀나방의 유전양식

| 계통, $F_1$세대 | $LC_{50}$(ppm) | 저항성비 | 우성도(D) |
|---|---|---|---|
| S | 7.3 | 1.0 | - |
| S♀ × R♂ | 113.9 | 15.6 | −0.50 |
| R♀ × S♂ | 121.6 | 16.7 | −0.46 |
| R | 432.5 | 59.2 | - |

3) **해충의 종류**

응애, 진딧물 등 세대가 짧고 다수의 자손을 생산하는 곤충은 저항성이 발달하기 쉽다. 이에 비해, 세대가 긴 곤충은 저항성 발달 속도가 느리다. 또한 응애와 같이 정착성인 해충은 같은 개체군이 반복하여 약제도태를 받기 때문에 저항성이 발달하기 쉽다. 이동성인 것은 상대적으로 약제도태를 적게 받으므로 저항성 발달이 늦다.

#### 4) 살충제의 사용법 및 환경

살충제 살포의 농도나 횟수의 증가는 도태압을 높여 저항성의 발달을 촉진한다. 건물내(온실, 비닐하우스)는 야외보다 도태압이 높아져 저항성이 발달하기 쉽다.

Georghiou와 Taylor(1977)는 살충제 저항성 발달에 영향을 미치는 유전적, 생물적, 방제적 요인으로 정리하였다(표 6.5).

표 6.5 살충제 저항성 발달에 영향을 미치는 요인 (Georghiou & Taylor, 1977)

| 유전적 요인 | 생물적 요인 | 방제적 요인 |
|---|---|---|
| ① 저항성 유전자의 빈도<br>② 저항성에 관여하는 유전자의 수<br>③ 저항성 유전자의 우성도<br>④ 저항성 유전자의 발현성, 발현도, 상호작용<br>⑤ 과거에 사용한 살충제에 의한 도태여부<br>⑥ 저항성 게놈의 적응도 | (1) 증식<br>① 발생회수<br>② 세대당 자손수<br>③ 유성생식, 단위생식<br>(2) 행동<br>① 격리, 이동성, 이주성<br>② 단식성, 잡식성 | (1) 화학물질<br>① 살충제의 화학 성질<br>② 과거에 사용된 살충제와의 연관성<br>③ 잔류성, 제형<br>(2) 사용법<br>① 사용량<br>② 도태압<br>③ 도태된 곤충의 영기<br>④ 한정된 장소에서의 도태<br>⑤ 상호도태 |

### 6.3.4 살충제 저항성의 안정성

살충제 저항성계통은 살충제 살포에 의해 감수성 개체가 도태되고, 약간 혼재되어 있던 저항성 개체수가 증가함으로써 출현하게 된다. 자연상태에서 저항성 개체들은 감수성계통에 비해 일반적으로 환경적응력이 약하고 수적으로 열세이므로 저항성계통이 구축되기 전에 약제 살포를 중지하면 다시 원래 상태로 돌아갈 것이다. 실제로 살충제 저항성계통이 출현한 경우, 약제 살포를 중지하면 과연 원래상태로 돌아갈 수 있는 것인가는 대단히 흥미로운 문제인데 이는 살충제 저항성의 적응비용(fitness cost)에 따라 달라진다. 약제 도태압이 없는 경우, 일반적으로 적응비용이 클수록 저항성 형질빈도의 소멸이 빠르고 적응비용이 적을수록 소멸속도가 느리다.

저항성의 안정도는 살충제의 종류에 따라 다르지만, 살충제에서는 저항성인 개체가 소멸된 후에 다시 살충제를 사용하면 전보다 신속하게 저항성이 발달하며, 한번 저항성이 발달하면 감수성 복원이 쉽지 않을 것이다. 반면 안정성이 불안한 살충제는 약제를 처리하지 않으면 쉽게 감수성으로 복원될 것이다.

Dicofol 저항성계통 점박이응애의 살비제 도태가 없는, 즉 역도태 조건하에서 암컷 성충의 감수성 변화를 그림 6.5와 같다. 역도태 전의 감수성계통과 비교시 저항성비는 23배였으며, 1년이 경과한 후에도 감수성 변화가 거의 없었다. 그러나 1년 이후부터는 서서히 감소하기 시작하여 2년째에는 저항성비가 15.8배, 3년째에는 10.7배로 서서히 감수성 쪽으로 기울었다. 완전히 감수성으로 복원되기까지 어느 정도 시간이 소요될 것인가에 대해서는 정확하게 예측할 수 없으나 5~7년의 기간이 소요될 것으로 보여진다(김 등, 1995).

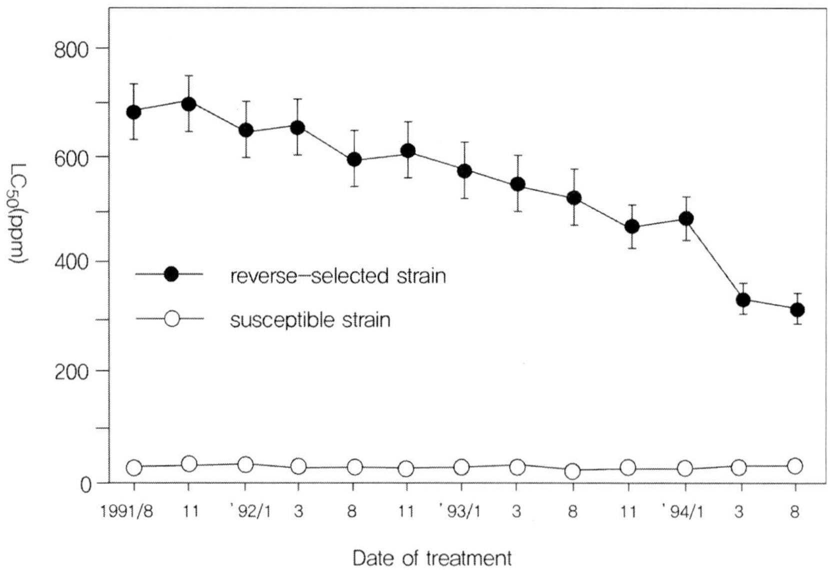


그림 6.5 Dicofol 저항성 점박이응애의 감수성 변화

### 6.3.5 살충제 저항성 기작

살충제 저항성은 다음과 같이 기작에 따라 발현한다.

### 1) 살충제 투과력 저하

집파리는 제3염색체 상에 각종 약제의 피부 투과성을 저하시키는 작용을 하는 *tin* 유전자를 가지고 있다. 이 유전자는 단독으로는 강한 저항성을 보이지 않지만, 다른 저항성 유전자와 같이 작용하면 저항성이 증가한다.

### 2) 살충제 분해력 증가

살충제를 해독 · 분해하는 효소활성의 증가는 곤충 생존을 위한 중요한 기능이다. 예를 들어, DDT 저항성 집파리는 DDT 탈염산효소(DDT ase)에 의해 DDE로 무독화하고, malathion 저항성 끝동매미충, 애멸구, 응애, 집파리 등은 carboxylesterase에 의해 malathion의 carboxyl기를 가수분해하는 것으로 밝혀졌다. 그 밖에 그림 6.6과 같이 유기인제계의 해독 · 분해에 glutathione-*S* transferase, phoshatase가 DDT, 유기인계, 카바메이트계, 피레스로이드계 등의 해독에 산화효소가 관여하는 것으로 알려져 있다. 집파리에서 해독 · 분해효소의 대부분이 제2 염색체 상에 있는 저항성 유전자에 의해 지배를 받고 있다.

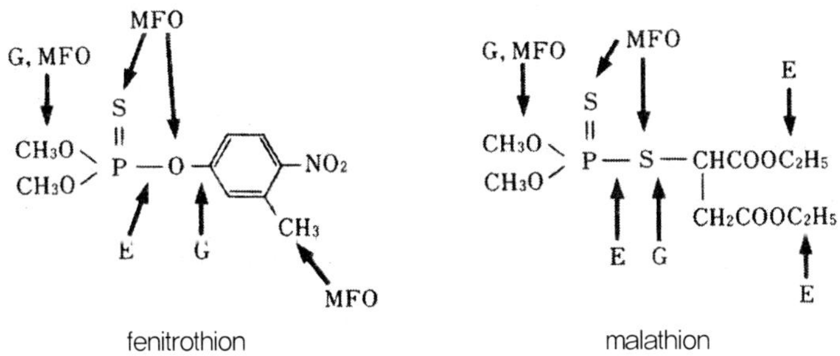


**그림 6.6** 곤충체 내에서 유기인계 살충제가 해독효소로부터 공격을 받는 부위

E: 가수분해효소(esterase), MFO: 산화효소(mixed function oxidase, cytochrome P-450)
G: 전이효소(glutathione-*S* transferase)

### 3) 살충제 감수성 저하

유기인계 저항성 점박이응애의 AChE는 감수성 점박이응애의 AChE보다 유기인계에 대한 감수성이 낮다. 카바메이트계 저항성 끝동매미충의 AChE도

카바메이트계 살충제에 저해되기 어렵다. 또한 DDT 저항성 집파리의 신경막은 DDT에 대한 감수성이 낮고 DDT의 작용을 받기 어렵다. 이는 전장에서 설명한 대로 작용점 유전자에서 생성된 돌연변이에 의해 작용점 단백질의 구조가 변형되어 원래 작용점(효소, 이온 채널, 수용체 등)이 가지는 특성이 살충제에 대해 감수성이 저하되는 쪽으로 변화되기 때문이다.

### 6.3.6 살충제 저항성 방지

살충제 저항성 해충이 출현하면 그 살충제는 이용가치가 사라진다. 살충제에 대한 규제가 강화되어 새로운 살충제의 개발이 어려워진 오늘날, 저항성 해충의 출현을 사전에 방지하여 살충제를 가능한 한 오랫동안 이용할 수 있도록 해야 한다.

살충제 저항성이 발달하면 저항성 해충 개체군을 완전히 방제하는 것은 매우 어렵다. 따라서 살충제 이외의 방제법을 병용하여 살충제의 살포 횟수를 줄이고, 동시에 작용기작이 다른 살충제를 교대로 사용하고 동일한 살충제의 연속 사용을 피하여 살충제의 도태압을 최소화하여 저항성의 발달을 방지하는 것이 중요하다. 그러나 이와 같은 수단이 살충제 저항성의 발달을 저지시키는 것인지, 아니면 단순히 저항성의 발달을 지연시킬 뿐인지는 불분명한 점이 많다.

“IRAC(Insecticide resistance action committee)의 28군 살충제 저항성 관리(IRM, insecticide resistance management) 일반원칙”에 따르면 작용기작이 다른 살충제의 교호 사용이 기본적으로 중요하다. 예를 들면 1A군 살충제는 AChE 저해제로 수용체 주변에 아세틸콜린이 고농도로 남아 후막세포에 계속 자극을 주어 살충활성이 나타난다. 하지만 1A군 살충제를 연속 사용하면 저항성이 발달한다. 이때 작용기작이 다른 28군 살충제(근육세포 내의 라이아노딘 수용체에 영향)를 사용하여 저항성 발달을 지연시킨다(표 4.1).

또한 역상관교차저항성을 보이는 살충제를 선발하여 사용하는 것도 저항성 발달 방지 대책의 하나이다.

## 연습문제

### 주관식

**1.** 살충제의 선택독성에 관하여 설명하시오.

**2.** 살충제의 저항성 발달과 유형에 관하여 설명하시오.

**3.** 살충제 저항성 기작에 관하여 설명하시오.

**4.** 살충제 저항성의 방지에 관하여 설명하시오.

### 객관식

**1.** 다음 중 단일 저항성 유전자가 2종 이상의 살충제에 대하여 저항성을 보이는 현상은?
① 교차저항성 ② 복합저항성 ③ 역상관교차저항성 ④ 단순저항성

**2.** 다음 중 복수 저항성 유전자가 2종 이상의 살충제에 대하여 저항성을 보이는 현상은?
① 교차저항성 ② 복합저항성 ③ 역상관교차저항성 ④ 단순저항성

**3.** 다음 중 살충제 저항성 기작과 관련이 적은 것은?
① 투과력 저하 ② 분해력 증가
③ 선택독성이 높음 ④ 작용점의 감수성 저하

**4.** 다음 중 살충제 저항성의 방지 대책으로 옳지 않은 것은?
① 선택독성이 높은 살충제 사용
② 역상관교차저항성을 나타내는 살충제 사용
③ 작용기작이 다른 살충제의 교호사용
④ 격발현상을 나타내는 살충제 사용

**5.** 다음 중 살충제 저항성이 최초로 보고된 약제와 해충이 올바르게 연결된 것은?
① 석회유황합제－샌호제깍지벌레 ② DDT－빨간집모기
③ BHC－집파리 ④ permethrin－바퀴

6. 다음 중 malathion이 곤충 체내에서 산화효소에 의해 활성화되어 얻어지는 물질은?

① demethylmalathion
② malaoxon
③ malathion monoacid
④ malathion $\beta$-acid

7. 다음 중 살충제 선택독성의 정의로 올바른 것은?

① 새로운 합성물에 대한 살충활성을 검정하는 것
② 어떤 약제에 저항성이 발달하면 다른 약제에 반대로 감수성이 높아지는 것
③ 살충제가 어떤 종류의 생물에는 효과를 나타내지만 다른 종류의 생물에는 효과가 없는 것
④ 곤충의 정상적인 집단에서 대다수를 죽일 수 있는 약량에서 견디어 낼 수 있는 능력이 발달한 곤충

8. 살충제 저항성계통과 감수성계통 해충의 유전양식에서 저항성비가 가장 높게 나타나는 것은?

① S + S (열성 + 열성)
② S + R (열성 + 우성)
③ R + S (우성 + 열성)
④ R + R (우성 + 우성)

9. 살충제 저항성 인자에 대한 설명이 바르지 않은 것은?

① 살충제에 대한 저항성에는 자연저항성과 획득저항성이 있다.
② 내성이란 약량에서 견디어 낼 수 있는 능력으로 후세대에 유전됨을 전제로 한다.
③ 살충제 저항성에 대한 최초 보고는 샌호제깍지벌레의 석회유황합제이다.
④ 방어기작의 차이는 종간에 일어날 수 있는 약제의 선택독성에 있다.

정 답

1. ① 2. ② 3. ③ 4. ④ 5. ① 6. ② 7. ③ 8. ④ 9. ②

# Chapter 07

## 살충제의 부작용

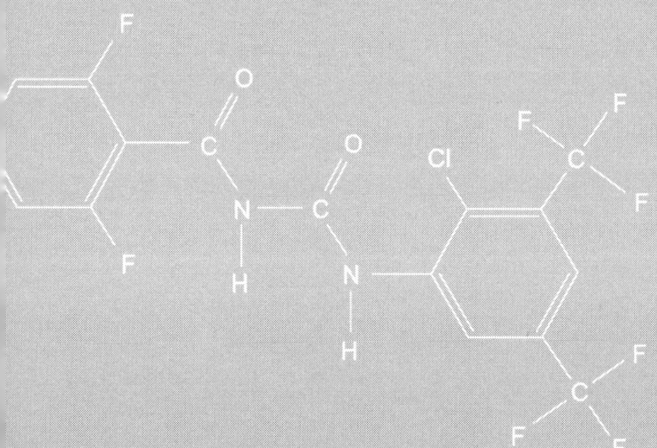

## 7.1 작물에 대한 살충제의 약해

농작물에 사용하는 살충제는 목적하는 해충을 방지하는 역할을 하면서 작물에 약해(phytotoxicity)를 입혀서는 안 된다. 약해란 살충제 작용에 의해 작물의 생리작용에 이상을 일으키는 현상을 말한다. 제2차 세계대전 이전에는 병해충 방제를 위해 무기 살충제가 주로 사용되어 작물에 처리된 약제로 인한 약해가 큰 문제였지만, 오늘날은 유기합성 살충제를 사용하면서 선택성이 강화되고 약해는 현저히 감소하였다. 그러나 선택성이 강한 살충제가 많아진 결과, 어떤 특정한 품종에 대하여 약해를 일으키거나 작물 환경에 잔류하여 2차적인 피해를 유발하는 등의 문제가 대두되었다.

### 7.1.1 약해 증상

약해는 증상에 따라 급성약해와 만성약해가 있다(농촌진흥청, 2012; 양 등, 1995, 정과 박, 1990; 정 등, 2000).

급성약해는 약제를 살포한 후 수일 내에 발아억제, 반점, 얼룩반점, 위조, 낙과 등의 증상을 나타낸다. 이것은 세포의 괴사나 조직의 붕괴로 나타나는데 생장점만 정상이면 시간의 경과에 따라 회복되므로 반드시 생산량의 저하로 이어지지는 않는다(표 7.1).

만성약해는 약제 살포 후 상당한 기간이 경과한 뒤 기형, 황화, 위축, 생육지연, 성숙지연, 불임 등의 증상이 나타나는 것으로, 작물 체내의 생리작용을 저해하여 수량을 저하시키는 경우가 있으므로 주의해야 한다(표 7.1).

표 7.1 약해의 종류

| 구분 | 발현시기 | 약해증상 | | |
|---|---|---|---|---|
| | | 잎·줄기 | 꽃·열매 | 뿌리 |
| 급성약해 | 1주일 이내<br>육안관찰 가능 | •얼룩반점<br>•괴사반점<br>•고 사 | •개화지연<br>•반점<br>•낙화, 낙과 | •갈변<br>•발근저해 |
| 만성약해 | 1주일 이후<br>이상증상 발현 | •기형잎<br>•위축 | •비대지연<br>•착색불량<br>•기형과 | •괴사부패<br>•기형뿌리 |

2차 약해는 포장에 처리한 살충제 성분이 토양, 농업용수 등 환경에 잔류하여 후작물을 재배하는 데 피해를 준다.

### 7.1.2 약해 발생의 원인(농촌진흥청, 2012; 양 등, 1995, 정과 박, 1990; 정 등, 2000)

#### 1) 직접적인 원인

① 살충제의 주성분이나 불순물

약해는 주성분 자체가 원인이 되는 경우가 많지만 부제나 불순물에 의한 경우도 있다. 특히 훈증제는 약해를 일으키기 쉬우므로 주의해야 한다.

② 살충제의 품질 변화

저장 중에 유효성분이 분해되거나 오염되어 약해를 일으킨다. 일례로, 장기간 보존한 파라티온이 분해되어 약해가 강한 파라니트로페놀이 생성되어 약해를 일으키는 경우가 있다.

③ 혼용 또는 근접 살포

살충제와 살균제나 제초제의 혼합이 물리적 · 화학적 변화를 일으켜 약해의 원인이 되는 경우가 적지 않다. 예를 들어, 보르도액에 석회유황합제를 혼합하면 황화동을 생성하여 약해를 일으킨다. 그러나 황산아연의 가용은 동이온의 해리를 억제하여 보르도액이 약해를 경감시킨다. 이와 같이 약제의 혼용여부는 매우 복잡하기 때문에 이전부터 약제 혼용 가부표를 만들어 제시하였으며, 혼용 가능한 약제와 불가능한 약제의 조합이 나와 있다.

혼합한 약제 간에 반응이 일어나지 않아도 작물의 저항성을 약하게 하여 약해를 일으키는 경우가 있다. 예를 들어, 유기인계 살충제나 카바메이트계 살충제는 벼 체내의 DCPA(phenoxy계 제초제) 분해효소를 불활성화하여 DCPA 저항성을 상실시킨다.

④ 작물의 생육 시기

작물의 약해는 생육 초기 연약할 때 일어나기 쉽고, 생육이 진행될수록 저항성이 높아진다. 일부 약제는 생식 생장기, 특히 화분 모세포의 감수분열기에 약해를 일으키기 쉽다. 예를 들어, DPC를 딸기 화분의 감수 분열기에 살포하면 불완전 화분을 생성하여 기형열매를 맺는다.

⑤ 품종

약해 발생은 동일 작물에서도 품종에 따라 큰 차이가 있다. 신품종으로 육성된 야채류나 새로 도입된 품종에 약제를 살포하는 경우는 충분히 주의해야 한다.

⑥ 환경 조건

약해의 발생은 환경 조건, 특히 살충제를 살포할 때의 기온에 크게 영향을 받는다. 약해의 발생과 온도의 관계는 항상 상관관계를 보이지 않으나 대부분 고온(30℃ 이상)일수록 약해 발생이 쉽다. 따라서 고온이 되기 쉬운 온실이나 하우스에서는 저녁에 기온이 내려간 후에 약제를 살포하는 것이 좋다. 그 외에도 습도, 서리, 비, 토양 환경 등도 약해 발생과 관계가 있다.

또한 습도가 높은 환경에서는 작물이 연약해져 약해를 일으키기 쉽다. 서리는 분제(粉劑)의 과잉부착을 일으켜서 약해 발생을 높이며, 비는 약제의 분해를 촉진하여 약해의 원인이 되는 경우가 있다.

그 밖에 약해는 토양 환경에 따라서도 영향을 받는다. 예를 들어, 누수성이 강한 사질토양에서는 토양 표면에 시용한 제초제가 토양 깊은 곳에 누출되어 약해를 일으키기 쉽다. 또한 유기질을 사용한 토양에서는 토양 세균의 작용에 따라 thiobencarb가 분해되어 약해가 강한 dechlorothiobencarb를 생성하여 벼에 왜소화 증상을 일으키는 경우가 있다.

### 2) 간접적인 원인

① 살충제 살포시 비산(drift)

살충제 살포시 비산하여 목적 작물 이외의 작물에 약해를 일으키는 경우가 있다. 따라서 공중 살포시 비산이 적은 제형(formulation)을 선택하거나 살포할 때, 풍향을 생각하여 목적 작물 이외에 약제가 닿지 않도록 주의해야 한다.

② 살포한 살충제의 유출, 휘산(vapor)

살포한 살충제가 비에 유출되거나 휘산하여 인접한 농경지에 있는 작물에 약해를 일으키는 경우가 있다. 예를 들어, 논에 사용한 제초제가 비로 인해 인접한 논에 유입되거나 휘산하여 인접 작물에 약해를 일으키기도 한다.

③ 잔류 약제

잔류성이 강한 약제는 밭에 장기간 잔류하여 후작물에 약해를 일으키는 경우가 있다. 예를 들면, 제초제인 quinclorac을 사용한 밭에서는 후작물이 벼과 · 박과 작물일 경우에 약해를 일으키므로 제초제 사용 후 1년 동안은 이들 작물의 재배를 피해야 한다.

또한 사용이 중지된 PCBA를 벼 도열병 방제제로 살포한 볏짚을 퇴비에 사용하면, 볏짚에 잔류해 있던 PCBA가 토양미생물에 의해 분해되어, 식물 호르몬활성이 강한 폴리클로로 안식향산이 생성되므로 채소류에 바이러스병과 유사한 증상을 일으킨다. 이와 같이 그 약제 자체는 약해가 없지만 독성이 강한 분해산물을 생성하여 약해를 일으키는 것을 2차 약해라고 한다.

### 7.1.3 약해 방지

살충제는 개발단계에서 약해 시험 후 출시됨으로 살충제 사용지침에 따라 사용하면 약해를 방지할 수 있다. 그러나 약해 시험은 품종이 다양한 야채나 꽃의 경우 대표적인 품종에 대해서만 실시함으로 피해를 줄이기 위해서는 미리 약해의 유무를 조사한 뒤 사용해야 한다.

약제 감수성은 작물의 생육시기나 환경조건에 따라 미묘하게 변화한다. 또한, 농작물의 종류나 품종, 재배 환경, 재배 방법도 다양하므로 약제 사용은 늘 주의를 해야 한다.

약제를 공중 살포하면 비산하여 목적지 이외의 작물에 약해를 일으킨다. 약해의 위험이 있는 곳에서는 분제보다 비산이 적은 DL분제나 미립제를 사용하거나 액제는 폴리아크릴산 소다를 첨가하면 비산을 방지할 수 있다. 작물체내 살충제의 일시적 과다 침입에 의한 약해를 방지하기 위하여 방출제어 방법(controlled release method)을 사용한다.

## 연습문제

### 주관식

1. 살충제로 인하여 작물에 발생할 수 있는 약해증상을 설명하시오.

2. 살충제로 인하여 작물에 발생할 수 있는 약해의 직접적인 원인과 간접적인 원인을 설명하시오.

### 객관식

1. 살충제의 약해증상 중 급성약해에 해당되는 것은?
   ① 착색불량 ② 발근저해 ③ 얼룩반점 ④ 기형잎

2. 약해의 증상을 설명한 것 중 바르지 않은 것은?
   ① 급성약해는 생산량의 저하를 가져온다.
   ② 급성약해 증상으로서 반점, 위조, 낙과 등이 있다.
   ③ 급성약해는 약제 살포 후 수일 내에 증상이 나타난다.
   ④ 약해의 2차 피해는 환경 잔류로 후작물 재배에 피해를 가져온다.

3. 급성약해 또는 만성약해의 판단은 약제 처리 후 며칠이 경과한 것을 기준으로 하는가?
   ① 3일 ② 5일 ③ 7일 ④ 15일

4. 약해 발생의 직접적인 원인으로 맞지 않은 것은?
   ① 약제의 비산 ② 약제의 혼용
   ③ 약제의 근접 살포 ④ 약제의 불순물

5. 약제 발생과 온도의 관계는 항상 상관관계를 보이지 않으나 기온의 영향을 받는 경우가 많다. 약해 발생이 일어나기 쉬운 온도는?
   ① 20℃ ② 25℃ ③ 28℃ ④ 30℃ 이상

정 답

1. ③ 2. ① 3. ③ 4. ① 5. ④

# Chapter 08

## 살충제의 생물검정법과 평가법

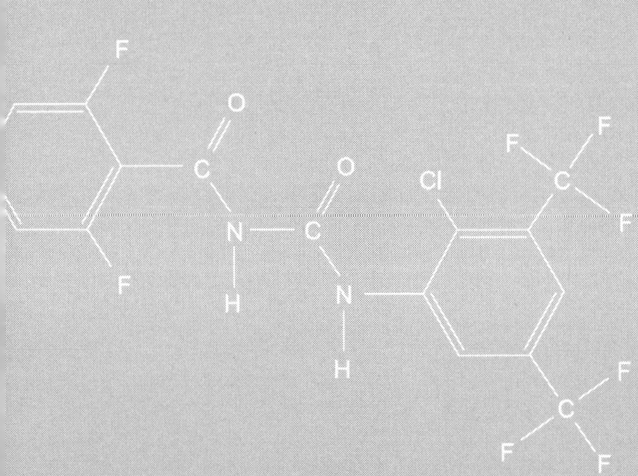

생물검정법(bioassay method)이란 화합물을 직접 곤충에 작용시켜 나타나는 반응에 따라 화합물이 가진 효력, 작용특성, 약해 등을 조사하는 방법을 말한다.

생물검정은 실시 장소와 규모에 따라 실내검정과 포장시험(야외시험)으로 나눈다(細込, 1985; 농촌진흥청, 2010).

## 8.1 실내 생물검정법

### 8.1.1 생물검정법의 목적

생물검정법의 목적은 새로운 화합물이 살충제로서 사용이 가능한가, 살충력이 있는지 확인하는 데 있다. 포장에 살포하지 않고 소규모로 살충력의 유무를 조사하며, 일명 실내시험이라 한다. 杉本 등(1971)은 실내검정의 첫 번째의 목적은 새로운 화합물의 실용 가치를 평가하는 것이고, 두 번째의 목적은 살충제에 대한 곤충의 감수성을 검정하는 것이라고 하였다(표 8.1).

실내검정법을 시행할 때 1차 스크리닝 단계에서는 특히 검정 절차가 간단하고, 노력이 적게 들며, 빠른 결과를 얻는 것이 필요하다.

### 8.1.2 시험곤충의 선택

시험곤충의 선택은 아주 중요하다. 특히 약효 효력 검정을 실시할 경우 이미 포장에서 적응과정을 통하여 저항성을 가진 시험곤충을 선택하여 스크리닝을 하면 살충제로서 유망한 화합물을 발견할 수 없다. 따라서 곤충의 고유 성질을 갖고 있는 감수성 곤충을 선택하여 스크리닝을 하는 것이 필요하다.

실내검정을 수행하기 위해서는 먼저 그 목적에 따라 시험곤충을 선택하여야 한다. 시험곤충을 선택할 때 중요한 점을 살펴보자.

첫째, 곤충의 종류를 고려하여야 한다. 어떤 종류의 시험곤충이 특정 화합물에 살충활성을 나타내어 살충제로 사용 가능성을 검정할 때 가장 먼저 생각해야 할 대상이다. 농업해충이 실내검정의 목적이라면 농업해충을 대상으로 선발해야 한다. 농업해충 중에서 어느 해충을 대

표 8.1 실내검정의 목적(杉本 등, 1971)

**I. 곤충에 대한 살충제의 효력 검정 시험**
1. 의미: 새로운 살충제의 실용 가치 검정
2. 살충력 검정
   ① 새로운 살충제의 스크리닝 테스트
   ② 여러 곤충에 대한 살충제의 선택성 검정
   ③ 제제 개량에 관한 살충력 검정
3. 포장에서 작용특성 검정
   ① 유효성분의 물리화학적 특성과 살충력 검정
      (잔효성, 침투이행성, 훈증작용 등)
   ② 제제 개량과 살충력 발휘와의 관계
4. 생물검정량
   ① 유효성분의 역가 검정(품질관리)
   ② 살충제의 잔류량
   ③ 타약제와의 혼용, 토양혼입 등 효력저하도 검정
   ④ 포장환경에서 살충제의 부착, 이행, 가스확산 등 양적측정

**II. 살충제에 대한 곤충의 감수성 검정**
1. 살충제의 작용이 해충의 종류, 천적 곤충에 미치는 영향
2. 해충의 살충제 저항성 출현 조사

상으로 선발할 것인가는 어려운 문제이지만 농작물에 피해가 큰 해충을 우선으로 선택한다.

둘째, 약제 감수성이 높은 곤충을 선택하여야 한다. 1차 스크리닝 단계에서는 살충력의 유무를 검정하므로 약제 감수성이 높은 곤충을 선택한다.

셋째, 대량사육법이 확립되어 있어서 취급이 용이한 곤충을 선택하여야 한다.

표 8.2는 새로운 살충제를 개발하거나 개발된 살충제의 저항성 모니터링에 자주 이용되는 해충들의 생물검정법, 생물검정에 추천 발육단계와 검정 식물을 나타낸 것이다.

표 8.2 해충별 생물검정법, 추천 발육단계와 검정 식물

| 시험곤충 | 생물검정법 | 추천 발육단계 | 검정 식물 |
|---|---|---|---|
| 배추좀나방 | 잎침적법 | 3령 유충 | 양배추잎 |
| 담배거세미나방 | 잎침적법 | 2령 유충 | 양배추잎 |
| 벼멸구 | 잎침적법 | 암컷 성충 | 벼유묘 |
| 복숭아혹진딧물 | 잎침적법 | 성충 | 담배잎 |
| 목화진딧물 | 잎침적법 | 성충 | 오이잎 |
| 꽃노랑총채벌레 | 잎침적법 | 성충 | 장미꽃잎 |
| 온실가루이 | 분무법 | 성충 | 토마토 유묘 |
| 톱다리개미허리노린재 | 미량 국소처리법 | 3령 약충 | 콩 |
| 어리쌀바구미 | 충체침적법 | 성충 | 쌀 |
| 집파리 | 인공사료 독먹이법<br>미량 국소처리법 | 3령 유충<br>암컷 성충 | 인공사료<br>설탕물 |
| 빨간집모기 | 수용액분산법 | 3령 유충 | 증류수 |
| 바퀴 | 미량 국소처리법 | 2령 약충 | 인공사료 |
| 고구마뿌리혹선충 | 토양관주 | 2령 유충 | 토마토 유묘 |

### 8.1.3 살포액의 조제

1차 스크리닝 단계에서 시험 화합물은 원제이기 때문에 소정 농도의 약액으로 조제하여야 한다. 1차 스크리닝의 농도 설정은 2,000~500ppm이며, 일반적으로는 500ppm이 적당하다. 시판제품은 작물보호제 농약 사용지침서(2014)에 따라 조제하면 된다. 원제와 시판되고 있는 제품의 약액조제 방법은 아래와 같다.

#### 1) 합성화합물, 천연추출물의 약액조제

분무법과 잎침적법에 사용되는 화합물을 미량저울(micro-balance)을 이용하여 무게를 측정한 후 acetone에 용해시켜 100ppm의 계면활성제(surfactant) 수용액과 혼합하여 약액 중에 acetone과 계면활성제의 비율이 1 : 9가 되도록 다음과 같이 조제한다.

① 합성화합물(40mℓ): 화합물 20mg + acetone 4mℓ + 계면활성제(Triton X-100 100ppm, 36mℓ)

② 천연물(20mℓ): 추출물 100mg + acetone 2mℓ + 계면활성제(Triton X-100, 100ppm, 18mℓ)

### 2) 제품의 조제

① 분제나 입제와 같이 제품 그대로 살포하는 살충제는 조제할 필요가 없이 그대로 사용한다.

② 유제, 수화제, 액제 등과 같이 물에 희석하여 액상으로 살포하는 살충제는 해충의 종류에 따라 사용 농도를 확인한 후 깨끗한 물로 희석하여 사용한다.

③ 희석용으로는 중성의 물을 사용한다. 알카리성 및 산성일 때는 살충제의 분해가 촉진되는 경우가 있으므로, 중성을 나타내는 증류수 또는 수돗물을 사용한다.

④ 살충제를 조제・사용할 때, 약병이나 포장을 보면 라벨에 적용 해충명, 희석 배수 등이 있으므로 확인한 후 조제한다(예: 살충제-주론 수화제, 작물명-소나무, 적용 해충명-솔나방, 물 20ℓ, 사용약량 5g).

### 3) 살포액의 희석농도

<table>
<tr><td rowspan="3">배액 조제법</td><td>영농 현장에서 사용하는 방법으로 액체 제형의 살충제는 부피/부피를 기준으로 희석하고, 고체 제형인 살충제는 부게/부피를 기준으로 희석하여 조제한다. 일반적으로 1,000배액을 만들 때 액체 살충제는 물 1ℓ에 살충제 1mℓ를 넣고, 고체 살충제는 물 1ℓ에 살충제 1g을 넣는다.</td></tr>
<tr><td>$$\text{소요약량(배액살포)} = \frac{\text{단위면적당 사용량}}{\text{소요희석배수}}$$</td></tr>
<tr><td>문제) 다이아지논 20% 유제를 1,000배액으로 희석해서 10a당 1ℓ을 살포하려 할 때 필요한 약량은?<br>◆ 1ℓ / 1,000 = 0.001ℓ = 1mℓ</td></tr>
<tr><td></td><td>시험연구의 목적으로 사용하는 조제법으로 액체 또는 고체 상태의 제형을 구분하지 않고 무게/무게를 기준으로 희석한다. 농도는 ppm을 사용하여 표시하므로 살충제 제품 중 유효성분의 함량을 정확히 계산하여 조제한다.</td></tr>
</table>

<table>
<tr><td rowspan="2">ppm 조제법</td><td>$$\text{소요약량(m}\ell\text{, g)} = \frac{\text{추천농도(ppm)} \times \text{소요살포액(m}\ell\text{)} \times 100}{1{,}000{,}000 \times \text{비중} \times \text{원액농도}}$$</td></tr>
<tr><td>문제) 물 10ℓ에 다이아지논 10% 유제(비중 = 1)를 10ppm이 되도록 조제하려 할 때 필요한 약량은?<br>◆ 10 × 10,000 × 100/1,000,000 × 1 × 10 = 1mℓ</td></tr>
</table>

## 8.2 실내 생물검정법의 종류

실내 생물검정법은 신규 화합물의 선발, 특성 검정, 제품검사 외에 화합물의 정량이나 정성에 이용된다. 검정법의 종류는 다음과 같다.

검정법의 종류는 곤충에 직접처리 또는 직접적으로 작용시키는 방법, 곤충을 기주식물, 토양 등에 함께 살충제 처리하는 방법, 포트나 포장에서 잔류 살충력을 시험하는 방법이 있다.

실내시험에서 살충제를 처리하는 방법에 관해서는 표 8.3에 정리하였다. 이 중에서 많이 이용되고 있는 방법에 관해서 간단히 설명한다.

표 8.3 실내시험에서 살충제 처리방법(杉本 등, 1971)

**I. 곤충에 직접처리 또는 직접적으로 작용시키는 방법**
1. 체내 주입법
2. 경구 투여법(구기 이외의 부분이 살충제에 접촉되지 않음)
3. 충제 표면처리법(접촉독 시험법)
   ① 미량 국소처리법
   ② 충체 분의법
   ③ 분무법
4. 훈증법
5. 살충제 처리한 용기 내에 곤충을 방사하는 방법
   (예, residual film method, filter paper method)
6. 살충제를 사료 중에 혼입하는 방법(독먹이법)

**II. 곤충이나 기주식물, 토양 등에 함께 처리하는 방법**
1. 엽면처리(침적, 살포 등)

2. 작물에 살포, 토양처리, 수면처리(지상부 해충)
3. 작물에 국소처리(침투이행에 의한 살충력 시험)
4. 토양해충에 대한 시험

**Ⅲ. 포트, 포장에서 잔류살충력을 시험하는 방법**
1. 작물, 토양, 물 등을 채취하여 실내 시험
   - 접촉독, 식독의 잔효 시험
2. 포장에서 트랩을 설치해서 생물적 정량 시험

### 8.2.1 침적법(dipping method)

침적법에는 충체침적법(body dipping method)과 잎침적법(leaf dipping method)이 있다.

충체침적법에는 물에 소정 농도로 희석한 약액을 넣은 용기(비커, 시험관 등)에 시험곤충을 침적하고, 처리 후 관찰 용기 내에 옮기고, 시험곤충의 반응 상황을 관찰해서 살충작용을 조사하는 방법이다.

잎침적법은 일정 크기의 잎을 침적하고 충체침적법과 같은 방법으로 시험 곤충의 살충작용을 조사한다. 시험과정이 간편하고 조건 설정이 용이하여 널리 이용된다. 특히 나비목 곤충의 알이나 유충, 저곡해충 등에 적용한다.

잎의 침적시간에 따른 복숭아혹진딧물의 사충률을 표 8.4에 나타내었다. 침적시간에 따른 살충효과는 60초 침적에서 가장 높았다. 5초 간 침적한 살충효과에 비해 1.6~2.4배나 높았다. 그러나 60초 이상 침적하였을 때에는 식물체의 내용물이 용출되어 바람직하지 않다(안 등, 1992). 생물검정에서 침적시간은 일정하게 유지할 수 있도록 하는 것이 필요하다.

표 8.4 식물체의 침적시간에 따른 복숭아혹진딧물의 감수성 차이

| 살충제 | $LC_{50}$(ppm) | | | |
|---|---|---|---|---|
| | 잎침적시간(초) | | | |
| | 5 | 10 | 30 | 60 |
| pirimicarb | 13.7 | 13.3 | 18.4 | 8.4 |
| demeton-*S*-methyl | 26.3 | 36.1 | 14.7 | 11.1 |

### 8.2.2 드라이필름법(dry film method)

Acetone, alcohol류 등의 용매로 용해한 약액을 유리용기(시험관, 페트리디쉬 등)에 적당량을 넣고, 용매를 증발시켜 용기 내벽면에 약액을 얇게 부착시킨다. 그리고 시험 곤충을 일정 시간 접촉시켜서 살충작용을 조사하는 방법이다. 주로 집파리 성충, 바퀴벌레류, 저곡해충 등에 적용된다.

### 8.2.3 여지법(filter paper method)

여지에 용매로 희석한 약액을 침적시키고 용매를 증발시킨 후 용기에 넣고 시험 곤충을 일정시간 접촉시킨다. 그 외 시험법은 드라이필름법에 준한다.

### 8.2.4 미량 국소처리법(topical microapplication method)

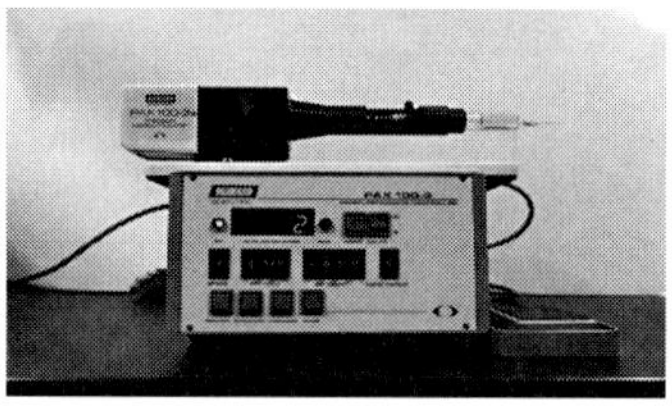

미량 국소처리기

Acetone, alcohol류 등의 용매로 희석한 약액의 소정량을 미량 국소처리기(Burkard microapplicator)(0.1～10μl)로 곤충 체표면의 특정부위(집파리, 바퀴벌레: 가슴의 배나 등)에 처리한다. 이때 활발히 움직이는 곤충은 $CO_2$ 등으로 마취시켜서 처리한다. 일정한 사충률을 요하는 약량을 구할 수 있기 때문에 곤충 개체군의 감수성 검정, 종간 선택성의 조사 등에 유효한 방법이다. 주로 집파리 성충, 바퀴벌레, 멸구류, 끝동매미충, 각종 나비목 유충 등 많은 곤충에 적용된다.

표 8.5는 국소처리법에 의한 fenitrothion은 톱다리개미허리노린재 알에 대해서 살충효과가 없었다. 그러나 약충의 영기가 진행됨에 따라 $LD_{50}$ 값이 크게 높아졌다. 1～3령까지는 비교적 완만하게 증가하였으나, 4령부터는 급격히 증가하였는데, 이는 체중의 증가 속도와 비슷하다.

톱다리개미허리노린재의 약제 효력 검정에는 fenitrothion에 대한 약충당

$LD_{50}$ 값과 단위체중당 $LD_{50}$ 값 비교에서 발육단계 간 차이가 적고, 취급이 용이하며, 변이가 적은 3령 이후로 하는 것이 바람직하다(김 등, 1988).

표 8.5 국소처리법에 의한 톱다리개미허리노린재의 발육 단계별 fenitrothion의 감수성

| 발육단계 | 체중(mg) | $LD_{50}$(μg/bug) | 내성비[1] | $LD_{50}$(μg/mg)[2] |
|---|---|---|---|---|
| 알 | 0.8 | > 5 | - | - |
| 1령 | 1.4 | 0.008 | 1.0 | $5.7\times10^{-3}$ |
| 2령 | 2.6 | 0.011 | 1.4 | $4.2\times10^{-3}$ |
| 3령 | 3.8 | 0.012 | 1.5 | $3.2\times10^{-3}$ |
| 4령 | 13.1 | 0.033 | 4.2 | $2.5\times10^{-3}$ |
| 5령 | 50.1 | 0.142 | 17.8 | $2.8\times10^{-3}$ |
| 성충 | 63.9 | 0.179 | 22.4 | $2.8\times10^{-3}$ |

[1]내성비 = 그 외 발육단계의 $LD_{50}$ / 1령충의 $LD_{50}$

[2]$LD_{50}$ / 체중

### 8.2.5 주사법(injection method)

약액을 미량주사기로 곤충 체내에 직접 주입하는 방법이다. 이 방법은 약제의 효력을 체표나 외계의 여러 요인에 영향을 받지 않고 검정할 수 있으며, 국소처리법과 같이 일정량의 약제를 정확하게 시용할 수 있다는 장점이 있다. 바퀴벌레류, 대형 나비목 유충에 적용한다.

### 8.2.6 분무법(spray method)

유제나 수화제와 같은 살충제 제형을 적당히 물에 희석해서 미량살포기를 이용하여 직접 충체에 살포하는 방법이다. 적용이 용이하여 살충제 사용에서 가장 널리 사용되고 있다.

### 8.2.7 섭식법(feeding method)

약액을 잎에 균일하게 처리하고 이것을 섭식시키거나, 주사기로 시험곤충

의 구기에 주입하는 방법과 파라필름막을 통해서 진딧물류나 멸구류의 흡즙 · 섭식시키는 방법이 있다.

### 8.2.8 침투성법(systemic method)

약제를 식물체에 침투시켜서 진딧물이나 가루이와 같은 흡즙성 곤충의 살충작용을 조사하는 방법으로서 두 가지가 있다.

엽면 침투이행성 시험(foliar systemic test)은 식물체의 한쪽 잎에 소정의 약액을 처리하고 24시간 후 처리한 잎을 제거하고 처리하지 않은 잎에 시험곤충을 접종하여 살충작용을 조사하는 방법이다.

근부 침투이행성 시험(root-uptake systemic test)은 시험 약액을 식물체의 뿌리 근처 토양에 처리하고 24시간 후 식물체에 시험곤충을 접종하고 살충율을 조사하는 방법이다.

### 8.2.9 훈증법(fumigation method)

밀폐된 용기에 시험곤충을 넣고 살충제 유효성분을 확산시켜 살충을 하는 것으로 일정 시간 처리한 후 살충작용을 조사한다.

표 8.6은 수종 산림해충 성충에 대한 포스핀($PH_3$)의 훈증효과를 실내에서 검정하여 비교한 결과이다. 곤충 종에 따라 감수성 차이가 있으며, 포스핀에 대한 가장 감수성인 왕녹나무좀을 기준으로 내성비를 구하여 비교해 보면 노랑무늬솔바구미가 31배로 가장 둔감한 것으로 나타났다(김과 이, 2013).

표 8.6 산림해충 성충에 대한 포스핀($PH_3$)의 훈증 효과

| 산림해충 | $LD_{50}$(mg/ℓ ) | $LD_{99}$(mg/ℓ ) | 내성비[1)] |
|---|---|---|---|
| 흰개미 | 0.024 | 0.097 | 2.0 |
| 북방수염하늘소 | 0.110 | 0.906 | 18.9 |
| 노랑애나무좀 | 0.051 | 0.257 | 5.4 |
| 광릉긴나무좀 | 0.113 | 0.859 | 17.9 |
| 왕녹나무좀 | 0.020 | 0.048 | 1.0 |
| 노랑무늬솔바구미 | 0.335 | 1.490 | 31.0 |

내성비[1)] = 다른 해충들의 $LD_{99}$ / 왕녹나무좀의 $LD_{99}$

### 8.2.10 기타

#### 1) 살비제

기주식물에 응애를 접종하고 약제를 처리하는 방법, 즉 기주식물을 약액에 침적하는 침적법, 기주식물에 약액을 분무해서 살비 작용을 조사하는 분무법, 침투성 살비제의 식물체에 침투이행을 조사하는 방법으로서 종자처리법과 토양처리법이 이에 해당한다.

점박이응애를 분무법, 잎침적법, 슬라이드법으로 처리한 결과, 살비제의 종류에 따라 커다란 감수성 차이를 보였다(표 8.7). Dicofol의 경우 슬라이드법은 잎침적법과 분무법에 비하여 28배나 높은 살비력을 보였으나, cyhexatin은 슬라이드법보다 분무법과 침적법에서 높은 살비력을 보였다. 처리방법에 따른 살비제 감수성은 침적법과 분무법이 슬라이드법보다 변이가 작은 경향을 보였다(안 등, 1992).

표 8.7. 점박이응애 성충에 대한 처리방법에 따른 살비제의 감수성

| 살비제 | $LC_{50}$(ppm) | | |
|---|---|---|---|
| | 분무법 | 잎침적법 | 슬라이드법 |
| dicofol | 135.3 | 139.6 | 4.8 |
| cyhexatin | 76.8 | 63.7 | 317.2 |

#### 2) 살선충제

살선충제는 침적법이나 포트시험법을 이용한다.

침적법은 약제의 수용성 또는 유탁액에 시험 선충을 침적하고 살선충 작용을 조사하는 방법이다.

포트 시험법은 토성이 일정한 토양을 담은 포트를 준비하고, 거기에 시험 선충이 기생하기 쉽게 식물을 심는다. 그 후 선충을 접종 후 약제를 포트 중앙에 주입하고 수일 후 선충의 생사를 조사하는 방법이다.

#### 3) 살서제

시험용 쥐를 고정해서 강제적으로 식도 또는 위내에 약제를 주입하여 치

사약량을 검정하는 강제투여법, 쥐가 약제를 자유로이 먹게 한 후 치사 약량을 추정하는 식이법, 약제를 쥐의 피하 또는 근육 내에 주사해서 치사약량을 검정하는 주사법이 있다.

곰쥐(*Rattus rattus*)를 시험 대상으로 하는 검정법에는 약제를 처리한 먹이를 자유롭게 먹게 한 후 약효를 검정하는 강제성 생물검정법과 먹이를 시험 대상 쥐가 선택적으로 섭식하게 하는 선택성 생물검정법이 있다. 각각의 검정을 실시할 때 준비 조건은 아래와 같다.

곰쥐는 시험 시작 전 24시간 동안 굶긴다. 곰쥐는 시험 시작 전까지 생육이 잘 되도록 온도와 습도를 유지하고 곰쥐마다 표식을 한 후 무게를 재고 사진을 찍는다. 곰쥐는 강제성과 선택성 시험에 각각 암컷 5마리, 수컷 5마리씩 준비한다.

① 강제성 생물검정법

총 $6m^2$의 면적이 되는 시험용 케이지에 쥐들의 집합장소(120 × 120 × 60cm)는 가운데 위치하고 휴식공간(60 × 60 × 40cm)과 먹이공간(60 × 60 × 40cm)을 양 옆쪽에 설치한다. 각 공간 사이의 이동공간은 사각형(12 × 12cm) 통로에 40cm 길이로 쉽게 드나들 수 있도록 제작한다. 실험장치는 투명한 아크릴판을 이용하여 쉽게 관찰할 수 있도록 한다. 먹이는 먹이공간에서 충분히 섭취할 수 있도록 둔다.

약제를 처리한 먹이를 사료용기에 충분한 양을 공급하고 1일 동안 노출한다. 섭취된 양은 매일 일정한 시간에 남은 양을 통해 측정한다. 물은 원하는 만큼 공급한다. 시험에 사용하는 기본 개체 수는 10마리로 모든 개체가 치사할 때까지 매일 일정시간에 섭식량 및 행동변화를 관찰한다. 대조군 쥐는 일반 사료를 공급한 후 처리구와 비교한다.

② 선택성 생물검정법

총 $6m^2$의 면적이 되는 시험용 케이지에 쥐들의 집합장소(120 × 120 × 60cm)는 가운데 위치하고 먹이공간(60 × 60 × 40cm)을 양 옆쪽에 설치한다. 한 쪽에는 무처리 사료를 두고 다른 한 쪽에는 약제처리 먹이를 두어 먹이간 선택을 할 수 있도록 둔다. 각 공간 사이의 이동공간은 사각형(12 × 12cm)

통로에 40cm 길이로 쉽게 드나들 수 있도록 제작한다. 먹이는 먹이공간에서 충분히 섭취할 수 있도록 둔다.

처리사료(100g)와 무처리사료(100g)를 둘로 나눈 용기에 각각 넣고 생물검정 상자 안에 놓아둔다. 매일 먹고 남은 양을 통해 섭취한 양을 측정한다. 물은 원하는 만큼 공급한다. 조사 기간은 7일 동안으로 한다.

Flocoumafen을 처리한 두 가지 생물검정법에서 강제성 검정이 선택성 검정보다 살서제 효과가 빨랐다. 하지만 선택성 생물검정에서 살서제 효과 발현 속도는 느렸다(표 8.8).

표 8.8 곰쥐에 대한 처리방법에 따른 flocoumafen의 살서효과(김 등, 미발표)

| 처리방법 | 사망률(%) | | | | |
|---|---|---|---|---|---|
| | 약제처리 후 일 | | | | |
| | 3 | 4 | 5 | 6 | 7 |
| 강제성 생물검정 | 10 | 50 | 100 | | |
| 선택성 생물검정 | 0 | 30 | 50 | 80 | 100 |

## 8.3 주요 해충의 실내 생물검정법

### 8.3.1 벼멸구(brown planthopper: *Nilaparvata lugens*)

파종 후 7～8일 된 추청벼(감수성) 유묘 5본의 뿌리 부분을 탈지면 따로 감아 직경 3cm × 길이 15cm의 유리 시험관의 바닥에 끼워 넣는다. 흡충기가 장착된 진공 펌프를 이용하여 우화 후 3～5일 된 벼멸구 성충 10마리를 사육 케이지로부터 채집하여 벼 유묘가 삽입되어 있는 시험관에 넣는다.

준비된 약액을 미세 살포기로 시험관의 입구 쪽에서 벼 유묘에 부착한 벼멸구를 향하여 직접 살포한다. 처리 후 시험관의 입구는 나이론 망사로 덮어 벼멸구의 탈출을 방지한다. 접종 후 25℃, 60% RH 조건에 보관하면서 시험 곤충의 살충률은 처리 후 24, 48시간(곤충성장 조절제는 96, 120시간)에 조사한다.

### 8.3.2 배추좀나방(diamondback moth: *Plutella xylostella*)

직경 5cm의 원형으로 자른 신선한 양배추잎 디스크(cabbage leaf disk)를 준비된 약액에 30초간 침적한 뒤 후드 내에서 건조시킨다. 완전히 건조시킨 후 디스크를 직경 5cm의 1 회용 페트리디쉬에 넣고 미세한 붓으로 3령 유충 10마리를 접종하고 뚜껑으로 밀폐하여 탈출을 방지한다.

접종 후 25℃, 60% RH 조건에 보관하면서 처리 후 24, 48시간의 살충률을 조사한다. 곤충성장 저해효과 조사는 48시간 검정 후 신선한 먹이로 교체한 뒤 96, 120시간 후에 비정상적인 발육 및 살충률을 조사한다.

### 8.3.3 담배거세미나방(common cutworm: *Spodoptera litura*)

직경 5.5cm, 또는 10cm의 원형으로 자른 신선한 양배추잎 디스크를 준비된 약액에 30초간 충분히 침적한 뒤 후드 내에서 건조시킨다. 완전히 건조시킨 후 디스크를 직경 5.5cm, 또는 12cm의 1회용 페트리디쉬에 넣고 끝이 날카롭지 않은 핀셋으로 5 또는 10마리의 담배거세미나방 3령 유충을 접종한 후 뚜껑으로 밀폐하여 탈출을 방지한다.

접종 후 25℃, 60% RH 조건에 보관하면서 처리 후 24, 48시간의 살충률을 조사한다. 곤충성장 저해효과의 조사는 48시간 검정 후 신선한 먹이로 교체한 뒤 96, 120시간 후에 비정상적인 발육 및 살충률을 조사한다.

### 8.3.4 복숭아혹진딧물(green peach aphid: *Myzus persicae*)

직경 5.5cm의 원형으로 자른 신선한 담배 잎 디스크(tobacco leaf disk)를 준비된 약액에 30초간 침적한 뒤 후드 내에서 건조시킨다. 깨끗이 건조시킨 후 디스크를 직경 5.5cm의 1회용 페트리디쉬에 넣고 미세한 붓으로 복숭아혹진딧물 암컷 성충 10마리를 접종한 후 뚜껑으로 밀폐하여 탈출을 방지한다. 접종 후 25℃, 60% RH 조건에 보관하면서 처리 24, 48시간 후에 조사한다.

3종 진딧물(복숭아혹진딧물, 목화진딧물, 콩진딧물)의 약제에 대한 종 간 감수성은 살충제의 종류에 따라 현저한 감수성 차이를 보이고 있는데(표 8.9),

잎침적법과 분무법 처리에서 콩진딧물이 복숭아혹진딧물, 목화진딧물보다 높은 감수성을 나타내었다. 특히 pirimicarb는 복숭아혹진딧물이나 콩진딧물보다 목화진딧물에서 살충력이 크게 낮았다.

3종의 진딧물에 대해 잎침적법과 분무법으로 처리하였을 때 처리방법에 따른 감수성의 차이는 진딧물 종에 따라 차이를 보이고 있다(표 8.9).

표 8.9 3종 진딧물에 대한 종 간, 검정법에 따른 감수성 차이

| 살충제 | $LC_{50}$(ppm) | | | | | | | | |
|---|---|---|---|---|---|---|---|---|---|
| | 복숭아혹진딧물 | | | 목화진딧물 | | | 콩진딧물 | | |
| | 분무법 | 잎 침적법 | 감수성 비[1)] | 분무법 | 잎 심적법 | 감수성 비[1)] | 분무법 | 잎 침석법 | 감수성 비[1)] |
| acephate | 78 | 80 | 1.0 | 39 | 51 | 0.8 | 64 | 52 | 1.2 |
| monocrotophos | 125 | 75 | 1.7 | 42 | 48 | 0.9 | 0.3 | 3 | 0.1 |
| pirimicarb | 9 | 9 | 1.0 | 598 | >100 | - | 6 | 2 | 3.0 |
| cypermethrin | 119 | 73 | 1.6 | 8 | 12 | 0.7 | 95 | 28 | 3.4 |
| deltamethrin | 18 | 27 | 1.5 | 2 | 2 | 1.0 | 2 | 1 | 2.0 |
| fenvalerate | 67 | 33 | 2.0 | 315 | 161 | 2.0 | 41 | 7 | 5.9 |

[1)]감수성비 = 분무법의 $LC_{50}$(ppm) / 잎침적법의 $LC_{50}$(ppm)

신규화합물의 생물검정 재료로 복숭아혹진딧물이 이용되고 있는데, 이는 사육이 간편하고 취급이 용이하며 경제적으로 중요하기 때문이다(안 등, 1992).

### 8.3.5 점박이응애(two-spotted spider mite: *Tetranychus urticae*)

직경 2.5cm로 자른 강낭콩잎 디스크를 직경 5.5cm의 페트리디쉬 내에 물을 충분히 적신 탈지면 위에 올려놓고, 미세한 붓으로 점박이응애 성충 암컷 30마리를 접종한다. 그 후 후드 내에서 소형 스프레이로 약액을 엽면이 충분히 젖을 정도로 살포한 후 건조시킨다. 처리 후 25℃, 60% RH 조건에 보관하면서 처리 후 24, 48시간의 살충률을 조사한다.

살란 효과(ovicide effect)의 검정을 위하여 처리일 하루 전, 약제 처리시에 준비되는 동일한 형태의 디스크에 암컷 성충 10~30마리를 접종하여 일정 시간 산란을 받는다. 성충을 제거한 후 약액을 처리하고 처리 7일 후에 살란율을 조사한다.

### 8.3.6 흰개미(Japanese termite: *Reticulitermes speratus*)

흰개미에 대한 훈증제 시험은 두 가지 방법이 있다. 먼저 플라스틱 페트리디쉬(Ø 9.5cm × 4.0cm)에 물을 적당히 적신 탈지면과 필터페이퍼를 깔고 그 위에 소나무 조각을 올려놓은 후, 흰개미 성충 50마리를 접종한다. 그런 다음 플라스틱 페트리디쉬를 데시케이터(12ℓ)에 넣고, 훈증제를 처리한다.

다른 처리 방법으로는 소나무 목재상자(10 × 10 × 5cm) 2개를 준비한다. 각각의 조각 내부에 2 × 2 × 1cm의 홈을 파고, 2개가 맞닿는 부분은 고무를 대고, 걸쇠를 걸어 밀폐할 수 있는 상자의 홈이 파인 곳에 물을 적당히 적신 탈지면을 깔고 그 위에 소나무 조각을 올려놓은 후, 흰개미 성충 50마리를 접종한다. 이후 소나무 목재상자를 데시케이터에 넣고, 훈증제를 처리한다. 훈증제 처리 조건은 5℃와 20℃에서 24시간 노출시킨다. 처리 후 온도 20~22℃, 광주기 16L : 8D, 상대습도 50~60% 조건에서 보관하며 7일 후에 살충률을 조사한다.

### 8.3.7 빨간집모기(common mosquito: *Culex pipiens pallens*)

① 유충 살충효과 검정

수용액 분산법으로 100㎖의 비커에 증류수를 99㎖을 넣은 후 1㎖의 약액을 피펫으로 처리한 뒤 빨간집모기 3령 유충 10마리를 접종한다. 처리 24, 48 시간(곤충성장 조절제는 96, 120시간) 후 살충률을 조사한다.

② 암컷 성충의 기피효과 검정

모기 성충의 기피효과 검정은 구멍이 뚫린 일반 상형상자(60 × 30 × 30cm)에 3~4일 동안 흡혈하지 못한 암컷성충 250~300마리를 넣고, 손등 위(직경 7.56cm$^2$) 만을 노출시킨 후 5분 동안 암컷성충의 구기 삽입 횟수를 조사한다. 기피 지속시간 평가는 보통 8시간 동안 조사한다(표 8.10). 실험실 내 온도 25~27℃, 상대습도 50~60% 조건에서 기피율을 조사한다.

기피율(%) 평가는 아래와 같은 공식에 의하여 구한다.

$$\text{기피율}(\%) = (C-T)/C \times 100$$

C는 무처리구에서 흡혈 횟수, 그리고 T는 처리구에서의 흡혈 횟수이다.

표 8.10 빨간집모기 성충에 대한 DEET와 clove bud oil의 기피효과

| 처리 후 시간 | 기피율(%) | | |
|---|---|---|---|
| | DEET | clove bud oil | clove bud oil+vanilin |
| 0 h | 100 | 100 | 100 |
| 2 h | 93 | 33 | 89 |
| 4 h | 70 | 13 | 41 |
| 6 h | 65 | 10 | 20 |
| 8 h | 60 | 3 | 10 |

## 8.4 포장시험

포장시험의 목적은 효과적 방제 방법 · 시기 · 약량 등을 결정하기 위해 실시한다. 실내검정에서 얻어진 약제의 특성, 예를 들면 선택적 효과를 나타내는 해충(응애, 선충포함, 이하 동일), 작용기작, 저독성, 잔효성, 약해의 유무, 해충의 발생 경과, 발생 특징에서부터 피해 경감까지 확인한다.

포장시험은 "현장"에서 실시되기 때문에 약제의 물리 · 화학적 성질(유효성분의 증기압, 확산성, 분해성 등), 기상조건 등의 영향을 받으므로 실내검정

에서 생각하지 않았던 결과가 얻어지는 경우도 있다.

따라서 여러 시험조건이나 결과를 종합적으로 검토하고, 시험 목적에 합치되는지 결정을 내리는 것이 중요하다. 포장시험 순서의 개요는 다음과 같다.

### 8.4.1 시험 설계

시험 목적을 정확하게 파악하고 설계한다.

① 효력 비교 시험: 시험 약제의 방제효력 검토가 목적이기 때문에 관행의 약제를 대조구로 하고 효력검정을 시험구로 한다.

② 처리시기 결정 시험: 가장 효율적인 처리 시기, 횟수 및 그 간격을 검토하고 결정하기 위해 관행을 기준으로 시험구를 준비한다.

③ 처리약량 결정 시험: 정확한 방제에 필요한 최소약량을 알기 위해 사용량과 농도를 조사하고 처리약량을 결정하기 위해 몇 개의 시험구를 준비한다.

④ 처리법 시험: 유제, 입제, 수화제 등 각종 제제형태의 살충제가 작물의 가해 부위에 대해서 어떤 처리 기구와 방법이 적합한가를 검토하기 위해 시험구를 준비한다.

### 8.4.2 시험포장의 선정

시험에 적합한 포장을 선정할 때에 고려해야 할 사항은 다음과 같다.

① 대상 해충의 발생이 많고 균일해야 한다.

② 대상 외의 해충 발생이 없거나 적어야 한다.

③ 지력, 재배 양식이 균일하거나 일반적이어야 한다.

### 8.4.3 시험구의 설정

정확한 시험 결과를 얻기 위하여 다음과 같은 사항을 고려해서 시험구를 설정한다.

① 시험구의 면적: 해충의 종류, 발생분포, 발생량, 약제의 처리 방법, 조사 방법, 표본추출 방법, 포장전체의 면적, 시험구 수, 노력 등을 충분히

고려해서 결정한다.

② 시험구의 모양: 약제 처리시에 약제의 비산 등의 구간 간섭을 방지하기 위해 정사각형이 바람직하다.

③ 시험의 반복 횟수: 필요로 하는 시험 정도, 포장 조건의 균일성 등을 고려해서 결정하지만 일반적으로 3～4회로 하고 있다.

④ 시험구의 배치: 시험계획법에 기초로 배치를 결정하지만, 작물의 종류, 생육 상황, 해충의 발생 상황을 고려한다.

### 8.4.4 조사 항목

시험 목적, 대상 해충의 발생, 피해 상황에 따라서 조사 항목을 선발하고, 각각의 방법을 조사한다.

① 약제 처리 전 해충의 발생 상황

② 약제 처리 후 해충의 발생 상황

③ 작물의 피해 상황(나무, 줄기, 잎, 과실, 뿌리 등)

④ 수확물의 수량, 품질

### 8.4.5 국내 살충제 등록을 위한 약효 · 약해 포장 시험

살충제 등록시험 약효 · 약해 세부지침(농촌진흥청. 2010)에 따라 벼의 멸구류, 채소의 나방류, 과수의 응애류의 약효 · 약해 시험법을 소개한다.

1) **벼: 벼멸구/흰등멸구**(*Nilaparvata lugens/Sogatella furcifera*)

**I. 시험 실시 시기 및 시험 포장 준비**

1. 시험 실시 시기: 입제의 경우는 출수 전, 경엽 처리제는 7월 하순～9월 상순에 처리한다.
2. 시험 포장의 준비: 시험 품종, 재배밀도, 시비관리 등은 그 지방의 관행으로 한다.

**II. 시험 규모**

1. 구당면적: $30m^2$ 이상으로 한다.
2. 시험구의 배치: 난괴법으로 3반복한다.

**III. 약제의 처리 방법**

1. 처리 횟수: 특별한 지정이 없을 경우 1회로 한다.
2. 살포 적기: 입제는 출수 전, 경엽 처리제는 다발생기로 구당 200마리 이상일 때 처리한다. 본답 및 육묘상 처리제는 처리구에 물이 이동하지 못하게 처리한다(썬라이트 등 이용).

**IV. 조사 방법**

1. 밀도 조사
   1) 조사 주수 및 엽수: 처리구당 20주 이상 선정한다.
   2) 조사 시기 및 횟수
      경엽 처리제: 약제처리 전 및 처리 5, 10일 후 3회 조사한다.
      입제: 다발생기 무처리구 500마리(/구) 이상 발생한 때 1회 조사한다.
   3) 조사 방법은 생충수를 조사한다.
   4) 표시 방법
      경엽 처리제는 생충수를 조사하여 생충률로 표시한다.

$$\text{생충률}(\%) = \frac{\text{처리후 밀도}}{\text{처리전 밀도}} \times 100\%$$

$$\text{방제가}(\%) = \frac{\text{무처리 생충률} - \text{처리구 생충률}}{\text{무처리 생충률}} \times 100\%$$

입제는 생충수를 조사하여 생충수로 표시한다.

$$\text{방제가}(\%) = \frac{\text{무처리 생충수} - \text{처리구 생충수}}{\text{무처리 생충수}} \times 100\%$$

2. 약해

원칙적으로 육안 관찰로 조사한다. 시험 약제구에 있어서 무처리구와 비교하여 작물체에 이상이 생긴 경우 약해증상의 정도와 발현 부위 및 증상의 회복 유무 등을 구체적으로 수치화하여 기재한다.

| 약해 정도 | 평가 기준 |
|---|---|
| 0 | 육안으로 약해가 인정되지 않음 |
| 1 | 아주 가벼운 약해로서 작은 약반이 약간 인정됨 |
| 2 | 처리된 잎이 적은 부분에 약해가 인정됨 |
| 3 | 처리된 잎의 50% 정도 약해가 인정됨 |
| 4 | 상당한 피해를 받고 있으나 아직 건전한 부분이 남아 있음 |
| 5 | 심한 약해를 받고 고사 상태임 |

## 2) 채소: 배추좀나방/배추흰나비(*Plutella xylostella/Pieris rape*)

**I. 시험 실시 시기 및 시험 포장 준비**

1. 시험 실시 시기: 해당 나방 유충의 다발생기에 시험을 실시한다.
2. 시험 포장 준비: 시험 품종, 재배 밀도, 시비 관리 등은 관행에 따르되 성적서에 명기한다.

**II. 시험 규모**

1. 구당 면적: $20m^2$ 이상으로 한다.
2. 시험구의 배치: 난괴법으로 3반복한다.

**III. 약제의 처리 방법**

1. 처리 횟수: 특별히 지정되지 않은 경우는 1회로 한다.
2. 살포 적기: 유충 다발생기에 살포한다.
3. 처리량: 입제 및 토양 처리제는 시험 설계에 준하여 처리한다. 또한 희석 살포제는 약제가 경엽 및 과실에 충분히 묻도록 살포한다.
4. 대조 약제: 고시된 약제를 사용한다. 대조 약제가 고시되어 있지 않은 경우는 등록 약제로 충분한 약효가 있는 것을 고려하여 원칙적으로 같은 형태의 처리법이 되어 있는 것을 사용한다.

**IV. 조사 방법**

1. 밀도 조사
   1) 조사 주수: 인접구 혹은 주변의 영향의 범위를 피해, 각 주 임의 10주 정도로 조사한다.
   2) 조사 횟수: 처리 직전, 처리 3, 7일 후 3회로 한다.
   3) 조사 방법은 주 전체의 모든 유충수를 조사하여 생충률을 구한다.
   4) 표시 방법: 생충률로 표시한다.

$$\text{생충률}(\%) = \frac{\text{약제처리 후 생충수}}{\text{약제처리 전 생충수}} \times 100\%$$

$$\text{방제가}(\%) = \frac{\text{무처리 생충률} - \text{처리구 생충률}}{\text{무처리 생충률}} \times 100\%$$

2. 약해

벼멸구의 약해를 판정하는 기준과 동일하다.

### 3) 과수: 사과응애/점박이응애/귤응애/차응애

*(Panonychus ulmi/Tetranychus urticae/P. citri/T. kanzawai)*

**I. 시험 실시 시기 및 시험 포장 준비**

1. 시험 실시 시기
   1) 사과응애: 5월 중순~6월 중순
      7~8월에도 초기 방제를 실패한 과수원에서 많이 발생했을 경우
   2) 점박이응애: 6월~8월
   3) 귤응애: 노지에서는 6월 하순~7월 상순, 8월 하순~9월 상순
      하우스에서는 연중
   4) 차응애: 6월 초순~8월 중순
2. 시험 포장의 준비

시험 적기 1~2주일 전에 시험 포장을 선정하여 응애 발생 밀도를 수시로 예찰한다. 사과는 후지품종이 응애의 발생이 많으며, 사과응애 시험 시 월동기에 기계유제를 처리한 과수원은 피하는 것이 좋다.
평지에 조성된 과수원이 적합하며, 품종, 재식 밀도, 시비 관리 등은 관행에 따른다.

**II. 시험 규모**

1. 구당 주수: 1주 이상한다.
2. 시험구의 배치: 완전임의배치법으로 3반복으로 한다.

**III. 약제의 처리 방법**

1. 처리 횟수: 특별히 지정되지 않은 경우는 1회로 한다.
2. 살포 적기: 엽당 2~3마리(포도: 엽당 5~6마리), 구당 50마리 이상이어야 한다.

**IV. 조사 방법**

1. 밀도 조사
   1) 조사 면적
      ① 표식 조사법: 응애 밀도가 있는 4~6잎의 작은 가지를 5개 선정 라벨 표식(20~30잎)한다.
      ② 잎 임의 조사법: 사방위 20~30잎을 조사한다.
   2) 조사 횟수 및 시기
      속효성인 약제는 살포 직전, 살포 3, 7 및 14일 후 4회 조사하지만, 지효성인 약제는 21일을 추가하여 5회 조사한다.
   3) 조사 방법은 생충수(통상 암컷 성충)를 조사한다.
      ① 표식 조사법: 표식 가지의 잎에서 매회 생충수를 조사한다.
      ② 잎 임의 조사법: 각 구에서 조사할 때마다 임의로 선정한 잎을 서류봉투에 넣어 실험실에서 현미경 등을 사용하여 조사한다.
   4) 표시 방법

생충수를 조사하여 생충률(%)로 표시한다.

$$생충률(\%) = \frac{약제\ 처리\ 후\ 밀도}{약제\ 처리\ 전\ 밀도} \times 100\%$$

$$방제가(\%) = \frac{무처리\ 생충률 - 처리구\ 생충률}{무처리\ 생충률} \times 100\%$$

2. 약해
벼멸구의 약해를 판정하는 기준과 동일하다.

## 8.5 효력 평가법

살충제의 시험생물에 대한 효력을 평가하는 방법은 다음과 같다.

### 8.5.1 반응개체의 비율(반응률)

시험생물에 일정량 또는 농도의 약제를 처리하고 일정시간 후에 얻어진 반응률은 약제의 종류 및 처리하는 약량 또는 농도에 따라 다르며, 다양한 반응곡선이 얻어진다(그림 8.1).

반응률은 살충률(치사율), 넉다운율 등으로 표시하고, 시간은 시험곤충에 약제를 처리한 후 경과 시간을 말한다.

산출방식은 Abbott 보정식(1925)에 따르며, $LD_{50}$과 $LC_{50}$ 조건에서 실시한다.

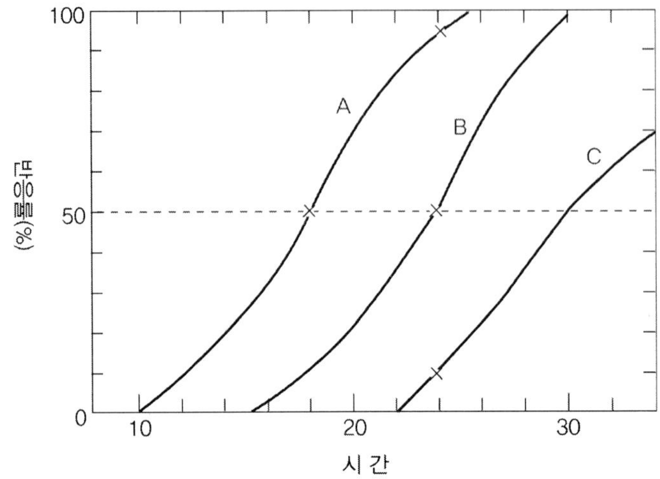


그림 8.1 약제처리에 따른 곤충의 반응률

- 24시간 후의 반응률: A, B, C에서 각각 95, 50, 10%. 소정시간 (24시간) 후의 $LD_{50}$ 또는 $LC_{50}$을 투여한 것: B. $LT_{50}$: A, B, C에서 각각 16, 24, 30시간.
- $LD_{50}$: median lethal dose for 50% response (반수치사약량, 50% 치사반응에 요하는 약량)
- $LC_{50}$: median lethal concentration for 50% response (반수치사농도, 50% 치사반응에 요하는 농도)
- $LT_{50}$: median lethal time for 50% response (반수치사시간, 50% 치사반응에 요하는 시간)

**Abbott 보정식**

일정시간 후에 사망률을 측정하고, 무처리에서 10% 이내의 사망률이 발생하면, Abbott(1925)의 보정식을 이용하여 보정하고, 약량(시간)과 사망률과의 관계를 비교하여 효력을 판정한다.

$$\text{Abbott의 보정식} = \frac{X-Y}{X} \times 100\%$$

(단, Y: 처리구의 생존충률, X: 무처리구의 생존충률)

**$LD_{50}$과 $LC_{50}$ 정의**

① $LD_{50}$(Median Lethal Dose, 반수치사약량)은 살충제를 경구나 경피 등으로 투여할 경우 독성시험에 사용된 동물의 반수(50%)를 치사에 이르게 할 수 있는 화학물질의 양(mg/kg, 체중)으로 반수치사약량이라고 한다.

② $LC_{50}$(Median Lethal Concentration, 반수치사농도) 살충제를 흡입 등으로 투여할 경우 독성시험에 사용된 동물의 반수(50%)를 치사에 이르게 할 수 있는 화학물질의 농도($mg/m^3$ 또는 mg/ℓ 공기)를 반수치사농도라 하고 ppm으로 표시한다.

### 8.5.2 효력 평가

시험생물에 일정한 반응률을 나타내는 약제의 양 또는 농도 및 반응에 걸리는 시간을 조사하여 이를 바탕으로 효력을 평가한다. 곤충에 살충제를 투여하고, 일정한 시간이 경과한 후 사충률은 약량이 적으면 낮고, 많으면 높아진다. 이 약량과 사충률의 관계는 S자형 곡선으로 나타난다(그림 8.2).

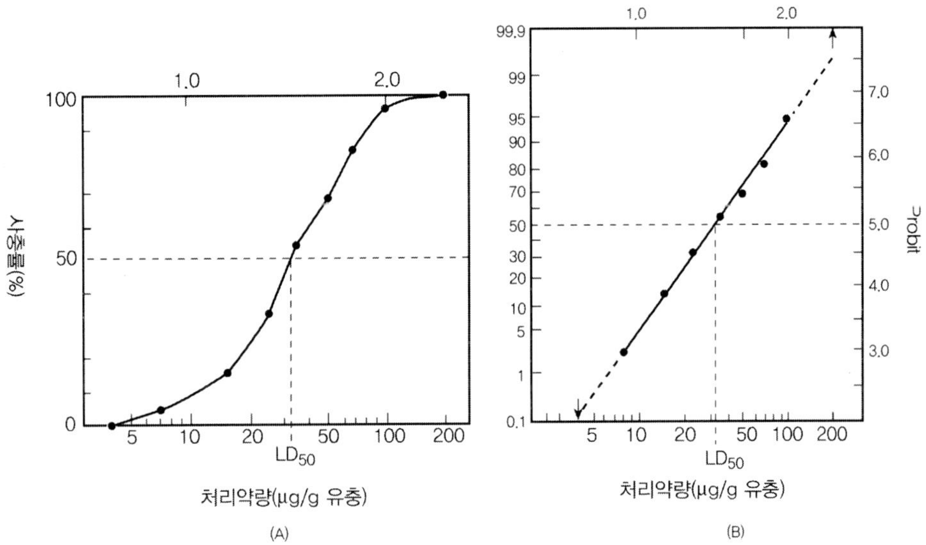


**그림 8.2** 담배거세미나방 4령 유충에 대한 trichlorfon의 48시간 후에 약량-사충률 관계

이 곡선으로 대략적인 효력 평가는 가능하지만, 효력을 비교하는 것이 쉽지 않아서 일차식으로 변환하는 방법이 연구되었다. Bliss(1935)는 약제에 대한 감수성이 약량과 계수에 대해서 정규분포화하고 처리약량과 사충율이 S자형 곡선을 나타내는 것을 발견하였다. S자형 곡선은 감수성을 나타내는 정규분포의 누적곡선이 되므로, 이 확률단위 Probit(probit은 probability unit의 약어이다)을 고안하여, 사충률을 probit에 약량을 로그(logarithm)로 변환해서 약량-사충률의 곡선을 직선회귀식으로 나타내는 것을 제안했다(Probit analysis method, probit 분석법).

그림 8.2(A)를 확률 그래프로 변환하면, 그림 8.2(B)처럼 직선이 된다. 이 직선을 probit를 기초로 회귀방정식으로 50% 치사약량(median lethal dose,

$LD_{50}$)을 구할 수 있다.

### 8.5.3 시간과 부피를 효력 평가에 이용하는 방법

시험생물에 일정한 반응률을 주면 약제의 양 또는 농도와 반응에 요하는 시간과 부피를 효력평가에 이용하는 방법은 다음과 같다.

훈증제를 사용하는 경우, 훈증제의 농도(C)와 훈증시간(t)과의 관계에 관해서, Haber는

$$C \cdot t = k \qquad (1)$$

의 성립을 제창하였다. 따라서 이를 Haber의 법칙이라고 말하고, 훈증제의 효력 평가에 사용하고 있다. k값이 작을수록 효력은 크다.

팥바구미 성충(체중 일정)을 대상으로 약량과 시간과의 관계에 대한 살충제의 처리약량(W)과 치사시간(T)와의 관계는 그림 8.3에 나타낸 바와 같다. 단, $W_0$는 충분한 시간동안 관찰해서 얻은 최소치사 처리약량, $T_0$는 많은 약량을 처리한 경우에 얻어지는 가장 짧은 치사시간이다. K값이 작을수록 효력이 크다(Ren 등, 2011).

$$(W - W_0)(T - T_0) = K \qquad (2)$$

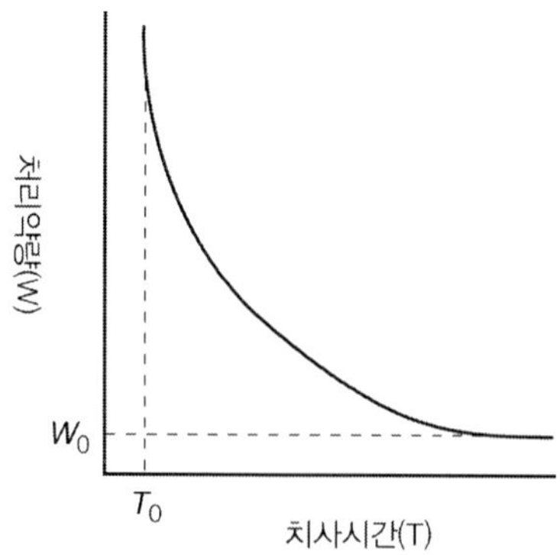


그림 8.3 처리약량-치사시간의 관계

나비목 유충은 빠른 속도로 체중이 증가한다. 체중별로 처리약량(W)과 치사시간(T)과의 관계는 체중의 일정부분에 이르기까지는 식(2)가 성립하고, 체중이 증가할수록 K값이 증대된다. K와 체중(M)의 관계를 조사하면 양자는 1차식

$$K = aM + B \quad \cdots\cdots (3)$$

단 a, B는 살충제와 곤충의 조합에 의해서 정해진 정수로서 B는 작은 값(수치) 또는 0이다. 그래서 K값은 상수 a값에 좌우되므로 a값이 작을수록 효력이 크다. 그러므로 해충을 방제할 때, 큰 곤충에 대한 처리 약제의 추정은 식(3)에 따르며, 체중(M)의 상수 a의 값으로 할 수 있다.

목재에 문제가 되고 있는 흰개미에 대하여 $PH_3$의 훈증 독성을 온도별(5, 15℃)로 24시간 노출 후 7일 동안 조사한 결과(표 8.11), $PH_3$의 $CT_{99}$값은 5℃에서 보다 15℃에서 9.4배 낮은 것으로 나타났다(Choi 등, 2014).

표 8.11 흰개미 성충을 12ℓ 데시케이터에 포스핀($PH_3$)을 5℃와 15℃에서 24시간 노출시킨 후 훈증독성

| 온도(℃) | $CT_{50}$(mg·h/ℓ ) | $CT_{99}$(mg·h/ℓ ) |
|---|---|---|
| 5 | 11.0 | 38.3 |
| 15 | 1.4 | 4.1 |

## 연습문제

### 주관식

1. 실내 살충제 생물검정법의 목적, 시험곤충 선택 및 약액조제에 관하여 설명하시오.

2. 실내 살충제 생물검정법의 종류와 방법에 대하여 설명하시오.

3. 포장 시험을 설계하여 평가까지의 과정을 설명하시오.

4. 살충제 등록을 위한 벼멸구의 약효·약해 생물검정법을 설명하시오.

5. 수입목제를 훈증처리하려 한다. 훈증제로 효력을 평가하는 방법에 관하여 설명하시오.

### 객관식

1. 목화진딧물을 방제하기 위하여 피니트로티온 수화제를 1,000배로 희석하여 뿌리고자 한다. 물 1ℓ에 필요한 약량은?

① 1g ② 0.1g
③ 1mg ④ 0.1mg

2. 물 10ℓ에 sulfoxaflor 수화제 10%(비중 1)를 100ppm이 되도록 조제하려 할 때 필요한 약량은?

① 1mg ② 1g
③ 10mg ④ 10g

3. 새로운 살충제의 개발을 위한 실내 생물검정의 목적으로 알맞지 않은 것은?

① 살충제 잔류의 미량 정량을 검정
② 타약제와의 혼용, 토양 흡입 등 효력저하도 검정
③ 유효 성분의 역가 검정
④ 살충제 저항성의 출현 여부 조사

4. 해충을 생물검정할 때 시험곤충과 생물검정법, 검정에 적합한 식물을 바르게 연결한 것은?

① 배추좀나방–분무법–콩잎　　② 바퀴벌레–수용액분산법–인공사료
③ 온실가루이–분무법–토마토 유묘　　④ 집파리–미량국소처리법–증류수

5. 살포액을 조제하는 방법을 설명한 것 중 알맞지 않은 것은?

① 유화, 수화제, 액제 등을 희석할 때에는 사용 농도를 확인한 후 깨끗한 물로 희석한다.
② 살충제를 조제할 때 약병이나 포대의 라벨에 적힌 적용해충명, 희석 배수 등을 확인하다.
③ 분제나 입제는 제품을 그대로 사용하면 농도가 높아 반드시 희석하여 사용한다.
④ 영농현장에서 사용하는 액체제형의 살충제는 부피를 기준으로 희석한다.

6. Acetone, alcohol류 등의 용매로 용해한 약액을 유리용기에 적당량을 넣고, 용매를 증발시켜 용기 내벽 면에 약액을 부착시키고, 시험 곤충을 일정시간 접촉시켜서 살충작용을 조사하는 방법은 무엇인가?

① 침적법　　② 드라이필름법　　③ 여지법　　④ 섭식법

7. 벼멸구의 실내 분무검정의 준비과정 설명이 잘못된 것은?

① 파종 후 7~8일 된 유묘의 뿌리 부분을 탈지면으로 감아 시험관 바닥에 끼워 넣는다
② 흡충기가 장착된 진공 펌프를 이용하여 우화 후 3~5일 된 벼멸구를 채집한다.
③ 준비된 약액을 물과 희석하여 시험관 아래 부분에 1/5 정도 넣는다.
④ 채집한 벼멸구를 벼 유묘가 삽입되어 있는 시험관에 넣고 망사로 덮는다.

8. 사과응애 약제의 등록을 위한 약효와 약해 포장 시험이 바르지 않은 것은?

① 시험시기는 사과 수확 후에 실시한다.
② 약제의 처리 횟수는 특별히 지정되지 않은 경우는 1회로 한다.
③ 시험 규모는 1주 이상으로 하고, 시험구의 배치는 완전임의배치법으로 3반복으로 한다.
④ 조사는 속효성인 약제는 살포 직전, 살포 후 3, 7 및 14일 경과 후의 4회 조사한다.

**9.** 다음 중 그래프에 대한 설명이 바르지 <u>않은</u> 것은?

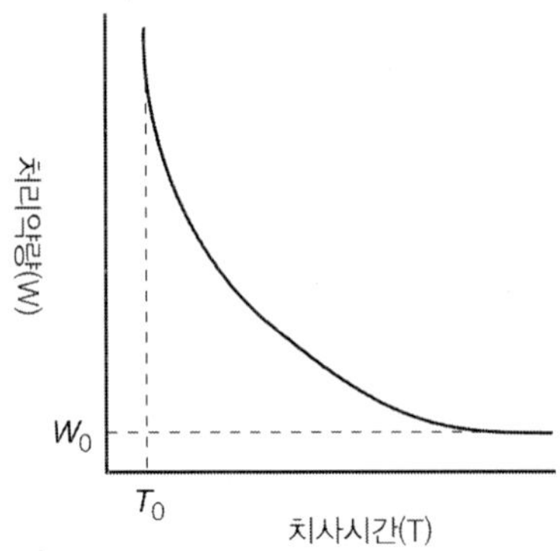


① Haber의 법칙으로 훈증제의 효력평가에 사용되고 있다.

② $(W - W_0)(T - T_0) = K$의 공식이 성립하여 K값이 작을수록 효력을 낮다.

③ $W_0$는 충분한 시간동안 관찰해서 얻은 최소치사 사용약량을 말한다.

④ $T_0$는 많은 약량을 처리한 경우에 얻어지는 가장 짧은 치사시간이다.



**10.** 포장시험 설계에 대한 설명으로 바르지 <u>않은</u> 것은?

① 방제효력 검토를 위해 관행 약제를 대조구로 한다.

② 처리시기 및 횟수 간격은 관행을 기준으로 한다.

③ 여러 종류의 해충이 발생하는 포장을 선정한다.

④ 각종 제제형태에 따른 효과를 확인하기 위해 시험구를 준비한다.

정 답

1. ① 2. ④ 3. ④ 4. ③ 5. ③ 6. ② 7. ③ 8. ① 9. ② 10. ③

# Chapter 09

## 독성

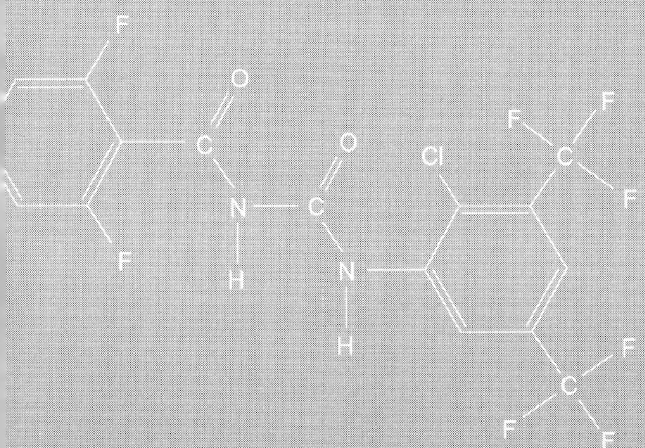

유기합성 농약의 개발은 2차 세계대전 이후 벼의 주요 해충인 벼멸구나 이화명충 등을 방지하여 식량 증산에 큰 역할을 했다. 그러나 농약의 과다 사용으로 사람 및 동물의 급성중독으로 인한 피해와 환경오염 등이 발생하여 농약 사용에 대한 강한 사회적 비판이 생겨났다. 그 결과 농약 사용에 대한 규제가 강화되어 저독성 농약에 대한 연구가 활발하게 이루어져, 현재 해충방제 방법은 저독성 농약과 친환경적 농약 사용, 그리고 천적을 이용하고 있다. 특히 국내에서 등록하여 사용하는 약제의 대부분은 저독성 농약이다. 본장에서는 독성의 구분 잔류독성에 대하여 서술하고자 한다.

## 9.1 독성의 구분

독성이란 어떤 화학물질이 생물체에 손상을 끼칠 수 있는 현상을 말한다. 인체에 대한 농약의 독성은 중독 증상의 발현 대상에 따라 포유동물 독성과 환경생물 독성으로 나뉘고, 발현 속도에 따라 급성독성, 아급성독성, 만성독성으로 나누어진다. 농약 독성의 구분은 표 9.1과 같다(농촌진흥청 농약관리법 및 고시 · 훈령집, 2012).

### 9.1.1 급성독성

발현 속도에 따라 구분한 급성독성(acute toxicity)은 한 번에 다량의 농약을 섭취했을 때 나타나는 것으로 농약섭취 후 신속하게 중독증상이 나타난다.

급성독성 시험에는 일반적으로 생쥐(mouse)나 쥐(rat)와 같은 소동물이 이용되는데, 가능하면 인간의 체중에 가까운 큰 동물을 사용하는 것이 오류가 적다. 급성독성은 시험동물에 투여량을 저농도에서 일정한 간격으로 고농도까지 1회 투여한 후 7~14일간 관찰한다. 동물에 시험약제를 1회 투여하여 시험동물의 반수를 죽이는 반수치사약량($LD_{50}$; Median Lethal Dose)을 체중 1kg 당 환산하여 독성의 강도를 표시하며 값이 작을수록 독성이 강하다. 한편 농약을 흡입(吸入) 등으로 투여할 경우 독성시험에 사용된 동물의 반

표 9.1 농약독성의 구분

<table>
<tr><th>구분</th><th colspan="2">독성</th><th>의미</th></tr>
<tr><td rowspan="4">발현 대상</td><td colspan="2">작물 잔류</td><td>수확물에 잔류하여 기준을 초과할 우려가 있음</td></tr>
<tr><td colspan="2">토양 잔류</td><td>토양에 남아 후작물에 영향을 끼침</td></tr>
<tr><td rowspan="2">기타생물</td><td>포유동물 독성</td><td>사람이나 포유동물에 대한 독성</td></tr>
<tr><td>환경생물 독성</td><td>생태계 유용생물(물고기, 새, 꿀벌, 지렁이, 누에 등)에 대한 독성</td></tr>
<tr><td rowspan="3">발현 속도</td><td colspan="2">급성독성 (acute toxicity)</td><td>일시에 다량의 농약에 노출되었을 때 나타나는 독성</td></tr>
<tr><td colspan="2">아급성독성 (subacutc toxicity)</td><td>농약이 서서히 체내에 들어가 1개월 정도 경과한 뒤 중독증상이 나타나는 독성</td></tr>
<tr><td colspan="2">만성독성 (chronic toxicity)</td><td>소량의 농약이 장기간에 걸쳐 노출 시 나타나는 독성</td></tr>
<tr><td rowspan="4">독성의 강도</td><td colspan="2">맹독성 (extremely high toxicity)</td><td>WHO 농약구분 I</td></tr>
<tr><td colspan="2">고독성(high toxicity)</td><td>WHO 농약구분 II</td></tr>
<tr><td colspan="2">보통독성 (moderate toxicity)</td><td>WHO 농약구분 III</td></tr>
<tr><td colspan="2">저독성(low toxicity)</td><td>WHO 농약구분 IV</td></tr>
<tr><td rowspan="3">투여방법</td><td colspan="2">경구독성 (oral toxicity)</td><td>입을 통하여 체내 침투되어 발현되는 독성</td></tr>
<tr><td colspan="2">경피독성 (dermal toxicity)</td><td>피부를 통하여 체내 침투되어 발현되는 독성</td></tr>
<tr><td colspan="2">흡입독성 (inhalant toxicity)</td><td>호흡을 통하여 체내 침투되어 발현되는 독성</td></tr>
</table>

수(50%)를 죽이는 화학물질의 농도($mg/m^3$ 또는 mg/ℓ 공기)를 반수치사농도($LC_{50}$; Median Lethal Concentration)라 하고 ppm으로 표시한다.

독성의 강도에 따라 저독성(low toxicity), 보통독성(moderate toxicity), 고독성(high toxicity) 및 맹독성(extremely high toxicity)으로 구분한다(표 9.2).

표 9.2 급성독성의 강도에 따른 농약의 구분
(농촌진흥청 농약관리법 및 고시·훈령집, 2012)

| 구분 | 시험동물의 반수를 죽일 수 있는 양(mg/kg 체중) | | | |
|---|---|---|---|---|
| | 급성 경구 | | 급성 경피 | |
| | 고체 | 액체 | 고체 | 액체 |
| I급 맹독성 | 5 미만 | 20 미만 | 10 미만 | 40 미만 |
| II급 고독성 | 5 이상<br>50 미만 | 20 이상<br>200 미만 | 10 이상<br>100 미만 | 40 이상<br>400 미만 |
| III급 보통독성 | 50 이상<br>500 미만 | 200 이상<br>2,000 미만 | 100 이상<br>1,000 미만 | 400 이상<br>4,000 미만 |
| IV급 저독성 | 500 이상 | 2,000 이상 | 1,000 이상 | 4,000 이상 |

위의 기준에 따라 국내에 등록되어 사용되고 있는 농약은 1,670개 품목(유제, 수화제, 입제 등) 중에 87.6%가 저독성이다(표 9.3)(농촌진흥청, 2013).

표 9.3 국내에 등록되어 있는 농약의 급성독성 구분(농촌진흥청, 2013)

| | 급성독성 구분 | | | | |
|---|---|---|---|---|---|
| | I급(맹독성) | II(고독성) | III(보통독성) | IV(저독성) | 미분류 |
| 품목 수 | 0 | 5 | 211 | 1,451 | 3 |
| % | 0 | 0.3 | 12.6 | 86.9 | 0.2 |

### 9.1.2 아급성독성

아급성독성(subacute toxicity)이란 연일 농약에 노출됐을 때, 농약이 서서히 체내에 들어가 1개월 정도 경과한 뒤 중독증상이 나타나는 것으로, 체질적으로는 급성독성과 비슷하다.

### 9.1.3 만성독성

만성독성(chronic toxicity)이란 체내에 들어와 축적된 약제로 인한 피해와 체내를 통과하며 독성을 일으키는 약제의 총합이다. 인체에 주로 발생하는 만성독성은 농약에 오염된 음식을 매일 섭취했을 때와 같이 극소량의 농약이 장기간에 걸쳐 체내에 들어와 서서히 축적되어 나타난다. 급성독성과 달리 중독증상의 발현은 느리지만 잠재적으로 모르는 사이에 진행되기 때문에 급성독성보다 더 위험하다.

만성독성도 생쥐나 쥐와 같은 작은 동물을 이용하여 시험한다. 시험동물의 생애 기간 중 장기간(생쥐나 쥐의 수명을 3년이라 생각하여 2년 이상)에 걸쳐 농약을 매일 투여하면서 이상 유무를 조사한다. 투여 대상 동물의 차세대에 미치는 번식력, 최기성, 돌연변이성 등에 미치는 농약의 영향도 조사한다.

만성독성은 최대무작용량(NOAEL; No Observed Adverse Effect Level)으로 장기간 투여하여 실험동물에 아무런 영향을 미치지 않는 최대의 약량으로 mg/kg(체중)/day 단위로 표기한다.

급성독성이 강한 약제가 만성독성도 강한 것은 아니다. 예를 들어 유기인계의 TEPP의 급성경구 치사량은 3mg/kg으로 극히 독성이 강하지만, 38℃의 수중에서는 3시간에 50%, 22시간에 90% 분해되므로 체내에 들어와도 축적되지 않는다. 이에 반해, DDT의 급성경구 치사량은 258mg/kg으로 TEPP의 86분의 1에 지나지 않지만 화학적으로 안정적이어서 인체 내에서 축적되기 쉬워 만성독성이 강하다.

## 9.2 잔류 독성

살포된 농약이 자연환경 중에 존재하거나 동식물에 남아 있는 것을 잔류독성이라고 한다. 농작물 · 토양 및 수질에 잔류되거나 이를 오염시키는 잔류 농약은 작물 잔류성 농약과 토양 잔류성 농약, 기타 생물에 대한 영향으로 분류한다.

### 9.2.1 잔류 기준

농약의 잔류기준은 세계식량농업기관(FAO)과 세계보건기구(WHO)의 잔류농약합동전문가위원회에서 제시한 방법에 준하여 다음과 같은 기준에 따른다.

1) 1**일 섭취 허용량**(acceptable daily intake, ADI)

독성시험에 따라 특정 종류의 농약을 일생동안 섭취해도 영향이 없는 범위를 기준으로 1일 섭취허용 약량을 구한다. 동물시험의 경우는 그 1/100, 인체시험의 경우는 1/10을 ADI로 하고, 약량 mg/kg(체중)/day로 나타낸다. ADI는 세계공통 값으로 FAO-WHO 합동전문가위원회에서 결정한 값을 각국에 권고하고 있다.

2) **잔류 허용기준**(maximum residue limit, MRL)**과 식품계수**(food factor)

농약 잔류 수준은 사람이 일생을 통하여 농산물을 섭취하더라도 건강에 아무런 영향이 없다는 것을 과학적으로나 법적으로 인정한 것이다. ADI가 같은 값이라고 하더라도 식습관과 선호하는 음식이 나라마다 다르고 사람에 따라 농산물의 섭취양이 다르므로 식품계수를 고려할 필요가 있다.

농약이 벼에만 사용된다면 ADI에 체중을 곱한 값을 1일당 쌀 섭취량으로 나눈 값이, 또한 모든 작물에 사용되는 농약이라면 1일 농산물 총 섭취량으로 나눈 값이 그 농약의 잔류 허용한계가 된다.

우리나라는 농약잔류기준은 외국에 비하여 대체로 수치가 낮다. 이것은 모든 농산물을 그대로 생식해도 신체에 안전하도록 엄격한 기준이 설정되어 있기 때문이다.

3) **잔류량**(pesticide residue)

관행 살포법으로 각종 작물에 각각의 농약을 살포하여 실제 잔류량을 조사하고, ppm으로 표시한다.

### 9.2.2 **작물 잔류**

해충방제를 위하여 사용된 농약 성분이 수확물 중에 잔류하여 기준을 초과할 우려가 있는 농약을 작물 잔류성 농약을 말한다. 농약의 작물 잔류량 및 잔류 기간에 미치는 요인으로는 농약의 제형, 농약의 물리·화학적 성질, 농약의 살포 방법, 대상 작물의 종류 및 재배 방법, 기상조건 등이 있다.

일반적으로 표면의 특성상 약제가 잘 부착하는 작물, 부착성이 큰 약제, 유용성(油溶性) 약제, 침투성 약제 등을 살포했을 때 농약의 작물 잔류성이 높게 나타나고 증기압이 높은 약제는 증발하기 쉬우므로 잔류 기간이 짧게 나타난다(표 9.4).

표 9.4. 작물 중 농약의 잔류성 요인

| | |
|---|---|
| 잔류 부위 | 작물 표면의 큐티클 내로 침투하거나 토양 또는 식물체에 처리한 침투이행성 농약은 뿌리, 줄기 및 잎으로 흡수되어 식물조직 내부에 잔류한다. |
| 안정성 | 농약의 구조적 안정성이 클수록 오래 잔류한다. |
| 작물체 표면의 형태 | 굴곡과 털이 많을수록 잔류량이 많다. |
| 작물체의 중량에 대한 표면적 | 표면적이 넓을수록 잔류성이 많고, 중량이 무거울수록 잔류량이 적어진다. |
| 작물의 성장속도 | 작물이 성장하면 중량 증가로 희석효과 때문에 농약 잔류량이 줄어든다. |
| 전착제 첨가 | 전착제는 농약의 작물체 부착량을 많게 하여 잔류량도 상대적으로 많아진다. |

### 9.2.3 토양 잔류

토양 잔류란 농약의 반감기간이 180일 이상인 농약으로서 병해충방제를 위하여 사용한 성분이 토양(경지)에 남아 후작물에 영향을 주는 것을 말한다. 반감기란 토양에 처리한 농약 중 절반이 분해되는 데 걸리는 시간을 말한다. 우리나라에서 사용 중인 농약의 대부분은 반감기가 120일 미만으로 토양 중 농약 잔류의 우려가 없는 편이다.

### 9.2.4 독성의 생물에 대한 영향

농약에 의한 환경오염은 각종 생물에 영향을 미친다. 밭에 살포한 농약은 작물에 부착되는 것이 극히 적고 대부분은 땅에 떨어지거나 대기 중에 흩어진다. 땅에 떨어진 농약은 다시 빗물에 씻겨 하천으로 유출되고, 대기 중에 휘산된 농약은 비와 함께 땅으로 떨어진다.

농약을 사용하기 시작한 초기에는 환경 내에 확산된 농약에 의해 어패류, 누에, 새 등에 대한 급성독성의 피해가 빈번하였으나, 차차 신농약의 개발과 사용 방법의 개선에 따라 피해가 줄어들었다. 그러나 환경 내에 확산된 농약은 먹이연쇄(food chain)를 통해 서서히 농축되어 오랜 기간이 경과한 뒤 다시 악영향을 미칠 가능성이 있으므로 방심해서는 안 된다. 국내의 농약등록에 필요한 환경생물에 미치는 영향 검토는 표 9.5와 같다(2012. 농촌진흥청 농약관리법 및 고시 · 훈령집).

표 9.5 환경생물에 미치는 영향 검토시 단계별 시험내용
(농촌진흥청 농약관리법 및 고시·훈령집, 2012)

| 환경생물종 | | 단계별 시험내용 | | | |
|---|---|---|---|---|---|
| | | 제1단계 | 제2단계 | 제3단계 | 기 타 |
| 수생생물종 | 어류 | 급성독성 시험 | • 어류 생육초기 독성<br>• 미꾸리 야외포장 | 어류 생활사 독성 | - |
| | | 생물농축성 시험 | 모의 생태계 시험 | - | - |
| | 물벼룩 | 급성유영 저해 시험 | 번식독성 시험 | 모의 생태계 시험 | - |
| | 조류(藻類) | 성장 저해 시험 | - | - | - |
| 육생생물종 | 조류(鳥類) | 급성 경구독성 시험<br>급성 식이독성 시험 | 번식독성 시험 | 야외 시험 | 농축성 시험 |
| | 지렁이 | 급성독성 시험 | 번식독성 시험 | 야외 시험 | 농축성 시험 |
| | 꿀벌 | 급성접촉, 섭식독성 시험 | 엽상 잔류독성 시험 | 야외 시험 | - |
| | 누에 | 실내독성 시험 | - | 잔류독성 시험 | - |
| | 천적 | 실내 시험 | 반야외 시험 | 야외 시험 | - |

### 1) 어류에 대한 독성

농경지에 살포한 농약이 직접 물에 떨어지거나 관개수나 빗물을 따라 하천이나 바다로 유출되어 어류에 피해를 입히는 경우가 있다.

어류에 대한 농약의 급성독성은 농약의 종류, 사용 형태, 사용량, 어류의 종류, 발육 시기, 수온, 수질 등에 따라 영향을 받는다. 예를 들어, 유기염소계의 독성은 갑각류 < 조개류 < 어류 순이고, 유기인계나 카바메이트계의 독성은 어류 < 조개류 < 갑각류 순이다. 또한 어류 중에 잉어나 붕어와 같은 온수어는 송어나 은어와 같은 냉수어보다 저항성이 높다. 발육 시기에 대해서는 알은 성어보다, 성어는 치어보다 저항성이 높다.

어류에 대한 농약의 급성독성을 잉어나 물벼룩에 대한 반수치사농도(medium tolerance limit, TLm = 약제처리 48시간 후 50%를 죽일 수 있는 농도)로 표시하고, I, II, IIs, III급으로 구분한다(표 9.6). 반수치사농도는 몸길이가 5cm 전후인 잉어에 대한 48시간 후의 결과를 기준으로 나타낸다. 실제 사용량에 따라 결과가 다를 수 있으므로 위험도 평가를 실시하는데, 이는 약제의 기준 사용량을 수심 5cm 논물에 균일하게 확산시킨 후 잉어에 대한 TLm으로 나눈 값으로 한다.

제품농약의 잉어에 대한 반수치사농도(유효성분)를 기준으로 하여 표 9.6에 의해 구분한다. 단, 벼 재배용 농약의 경우에는 잉어 외의 미꾸라지 등에 대한 독성 시험 성적을 고려하여 구분한다(농촌진흥청 농약관리법 및 고시·훈령집, 2012).

표 9.6 농약의 어독성 구분

| 구 분 | 잉어처리 48시간 후 반수를 죽일 수 있는 농도 (mg/ℓ, 48시간) |
|---|---|
| I 급 | 0.5 미만 |
| II 급 | 0.5 이상~2 미만 |
| IIs 급 | 미꾸라지 < 0.1 |
| III 급 | 2 이상 |

위의 기준에 따라 국내에 등록되어 사용되고 있는 농약은 1,670개 품목(유제, 수화제, 입제 등) 중에 68.6%가 III급에 해당한다(표 9.7)(농촌진흥청, 2013).

표 9.7 국내에 등록되어 있는 농약의 어독성 구분(농촌진흥청, 2013)

| | 어독성 구분 | | | | |
|---|---|---|---|---|---|
| | I급 | II급 | IIs급 | III급 | 미분류 |
| 품목 수 | 281 | 233 | 7 | 1,145 | 4 |
| % | 16.8 | 14.0 | 0.4 | 68.6 | 0.2 |

### 2) 누에에 대한 독성

누에에 대한 농약 독성은 아래와 같은 경우에 나타난다.

① 농약이 묻은 손으로 누에를 만지거나, 근처에서 사용한 농약 때문에 잠실이나 잠구 오염
② 농약이 직접 누에에 살포됐을 때의 경피독성
③ 병해충 방제 목적으로 뽕나무에 살포한 농약이 잔류해 있는 뽕잎 섭식
④ 뽕밭 근처에서 살포한 농약으로 오염된 뽕잎 섭식

그중에서 특히 피해가 많은 것은 농약에 오염된 뽕잎을 섭식할 때 나타나는 경구독성이다. 따라서 누에에 대한 농약의 위험도는 농약의 직접적인 독성보다 잔류한 농약의 영향을 받으므로 농약을 살포할 때는 잔류 기간이 짧은 약제를 선택하고, 살포 시기를 고려하는 것이 중요하다.

### 3) 꿀벌에 대한 독성

농약에 따른 꿀벌의 피해는 꿀 생산 이외에 화분 매개 역할에도 영향을 주어 일반 작물의 결실에 영향을 미치므로 농지에서도 주의해야 한다.

꿀벌의 피해 양상은 직접적인 피해와 간접적인 피해가 있다. 직접적인 피해는 꿀벌이 공중에서 농약에 접촉되거나 농약을 살포한 식물에 앉아 영향을 받거나, 농약으로 오염된 화밀(花蜜)을 흡수하여 중독사하는 경우이다. 간접적인 피해는 예를 들어 농약으로 오염된 화분을 벌집에 가지고와 유충에 먹임으

로써 전멸하는 경우를 들 수 있다.

따라서 꿀벌의 피해는 직접적인 독성 외에 잔류성이나 기피성 등에 따라서도 영향을 받으므로 간단히 추정할 수는 없다. 꿀벌의 행동 반경은 2km 정도이나 밀원이 없을 때는 6~8km까지도 날아가므로 약제를 살포하는 곳과 인접한 마을에 꿀벌 농가가 있으면 반드시 미리 통보하여 벌통을 안전지대로 이동하는 것이 중요하다.

농약의 피해를 방지하기 위해서는 밀원식물의 개화기간 중의 약제 살포를 피하고, 살포할 경우는 꿀벌에 대한 독성이나 잔류성이 적은 약제를 선택하며, 꿀벌이 활동하지 않는 저녁이나 흐린 날을 골라서 한다. 또한 살포 구역 내에 벌집이 있는 경우는 벌집의 출입구를 일시적으로 막고 약제를 살포하는 등 세심한 주의가 필요하다.

꿀벌에 대한 농약의 독성 구분은 표 9.8과 같다. 꿀벌에 대한 위해성 평가는 농약의 ha당 살포량(g)을 꿀벌의 급성접촉독성 또는 급성섭식독성의 $LD_{50}$으로 나눈 것을 위해성 평가지수(Hazard Quotient, HQ)로 평가한다.

$$\text{위해성 평가지수} = \frac{\text{농약의 단위 면적당 살포량(g/ha)}}{LD_{50}(\mu g/bee)}$$

표 9.8 꿀벌 독성 구분

| 구 분 | 꿀벌 급성섭식 또는 급성접촉 $LD_{50}$ |
|---|---|
| 저독성 | 11μg/bee 이상 |
| 보통독성 | 2~10.9μg/bee |
| 고독성 | 2μg/bee 미만 |

### 4) 야생동물에 대한 독성

농약이 생물에 농축되어 일으키는 피해를 생물농축(biological concentration)이라 한다.

해충방제를 위해 살포된 약제는 유기인계와 같이 화학적으로 불안정한 화합물이면 물, 빛, 토양미생물 등의 작용에 의해 점차 분해되어 소실된다. 그러나 유기염소계와 같이 화학적으로 안정되어 있으면 장기간 잔류하여 미량이라도 먹이연쇄를 통해 농축되어 새나 동물, 최종소비자인 인간까지 영향을 받는다.

예를 들어, 토양에 떨어진 농약은 토양 → 식물 → 해충 → 조류나 동물, 또는 토양 → 하천 → 플랑크톤 → 소형어류 → 대형어류 → 조류, 포유동물과 같은 먹이연쇄를 통해 농축되며 최종소비자가 섭취한다.

조류의 오염도는 환경오염의 하나로 지표가 될 수 있다. 조류 중에는 육지의 조류보다 바다에 서식하는 조류의 오염도가 높은데 이것은 먹이가 되는 어류 단계에서 생물농축이 진행되고 있다는 것을 시사한다.

생물 체내에 축적된 DDT가 생물에 어떠한 영향을 미치고 있는지 밝혀지지 않았지만 흰꼬리수리를 비롯한 많은 새들이 DDT의 영향으로 개체수가 감소했다는 사실이 많은 연구자들에 의해 지적되고 있다. 이것은 DDT의 축적으로 번식률의 저하가 가져온 결과이다.

국내에서는 농약의 잔류독성에 대한 규제가 강화되면서 1969년에는 DDT, endrin, aldrin, 1970년에는 dieldrin, 1979년에는 BHC, heptachlor 등의 유기염소계 약제가 사용금지 되었다. 그러나 한번 환경이 오염되면 완전히 정화될 때까지 아주 오랜 세월이 걸리기 때문에 다시는 같은 실수를 반복하지 않도록 주의해야 한다.

## 9.3 내분비 교란물질(환경호르몬)

내분비 교란물질(환경호르몬)이란 자연환경에 존재하는 화학물질 중 생물체내에 흡수되어 호르몬이 관여하는 내분비계에 혼란을 일으키는 물질을 말한다. 내분비 교란물질로 인한 피해 현상이 나타나기까지 시간이 걸리며 겉으로 드러나지 않기 때문에 피해를 방지하거나 줄이는데 어려움이 있다.

1962년에 출판된 Rachel Carson의 '침묵의 봄(Silent Spring)'에서 DDT를 비롯한 화학물질의 위험성을 경고하였다. 본격적으로 화학물질이 내분비계에 미치는 악영향이 알려진 것은 1996년에 '잃어버린 미래(Our Stolen Future)'가 출판되면서 부터이다. 환경호르몬이란 편의상 사용되고 있는 속칭이며, 정식으로는 내분비 교란물질 또는 내분비계 교란물질(endocrine disruptor)이라는 용어를 말한다. 내분비 교란 화학물질 때문에 나타나는 증상은 야생생물의 생식기능 이상, 수컷의 암컷화, 면역 기능저하, 생식기의 형태 이상, 정자수의 감소, 여성화 유방 등이 밝혀지고 있다.

## 연습문제

### 주관식

1. 농약의 독성을 구분하여 설명하시오.

2. 농약의 잔류기준에 자주 등장하는 다음 용어들을 설명하시오.
   ① 1일 섭취 허용량(ADI)
   ② 잔류허용기준(MRL)
   ③ 잔류량(Pesticide residue)
   ④ 최대무작용량(NOAEL)

3. 꿀벌에 대한 농약의 독성을 설명하시오.

4. 작물 중 농약의 잔류성 요인을 설명하시오.

### 객관식



1. 국내에 등록 사용되고 있는 약제 중 가장 많은 부분을 차지하는 급성독성은?
   ① 고독성 ② 보통독성 ③ 저독성 ④ 맹독성

2. 반수치사 약량의 표기법은?
   ① $LC_{50}$ ② $LD_{50}$ ③ $ED_{50}$ ④ $EC_{50}$

3. 농약의 경구독성의 고체인 경우 저독성의 기준은?
   ① $LD_{50}$ 5(mg/kg) 미만 ② $LD_{50}$ 5～50(mg/kg)
   ③ $LD_{50}$ 50～500(mg/kg) ④ $LD_{50}$ 500(mg/kg) 이상

4. 급성독성과 만성독성에 대하여 바르게 설명한 것은?
   ① 일반적으로 급성독성이 강하면 만성독성은 약하다.
   ② 급성독성이 만성독성보다 위험한 경우가 많다
   ③ 발현속도에 따른 독성의 분류는 급성독성, 만성독성으로 나눈다.
   ④ 만성독성은 최대무작용량으로 장기간 투여하여 영향이 없는 최소약량으로 표시한다.

**5.** 농약의 작물 잔류성 요인에 대한 설명으로 알맞은 것은?

① 농약의 구조적 안정성이 클수록 잔류 기간이 짧다.

② 작물이 성장하면 농약의 잔류율도 함께 증가한다.

③ 전착제 사용은 잔류량을 줄이는 데 효과가 있다.

④ 작물 표면에 굴곡과 털이 많을수록 잔류량이 많다.

**6.** 환경생물에 미치는 영향을 검토할 때 단계별 시험에서 급성접촉, 엽상 잔류독성 시험, 야외시험단계를 거쳐야 하는 생물은?

① 조류 ② 누에 ③ 꿀벌 ④ 천적

**7.** 국내에서 현재 사용할 수 없는 농약으로 폐지된 것이 아닌 것은?

① BHC ② diazinon ③ DDT ④ dieldrin

**8.** 꿀벌에 대한 농약의 독성을 조사하거나 독성을 나타내는 방법으로 알맞지 않은 것은?

① 위해성 평가지수는 단위면적당 살포량을 $LD_{50}$(μg/bee)으로 나눈 값이다.

② 꿀벌 급성섭식 또는 급성접촉 $LD_{50}$이 11μg/bee 이상이면 저독성이라고 한다.

③ 꿀벌이 농약으로 오염된 화밀(花蜜)을 흡수하여 중독사하는 경우는 간접피해라고 한다.

④ 꿀벌은 6～8km까지 날아가므로 인접 마을에 미리 통보하고 약을 살포하는 것이 좋다.

**9.** 농약의 어독성 구분은 잉어의 반수치사농도(mg/ℓ)로 한다. 다음 중 II급에 해당하는 기준은?

① 0.5 미만 ② 0.5～2 미만

③ 2 이상 ④ 2.0～2.5 미만

**10.** 농약잔류수준은 사람이 일생을 통하여 농산물을 섭취하더라도 건강에 아무런 영향이 없는 것을 과학적으로나 법적으로 인정한 것이다. 이에 해당하는 용어는?

① 1일 섭취 허용량(ADI) ② 잔류량(pesticide residue)

③ 최대무작용량(NOAEL) ④ 잔류허용기준(MRL)

**11.** 1962년 "Silent Spring"의 저서에서 DDT를 비롯한 화학물질의 위험성을 경고한 저자는?

① Rachel Carson ② Aung San Suu Kyi

③ Marie Curie ④ Bill Clinton



정 답

1. ③ 2. ② 3. ④ 4. ① 5. ④ 6. ③ 7. ② 8. ③ 9. ② 10. ④ 11. ①

# Chapter 10

# 제형

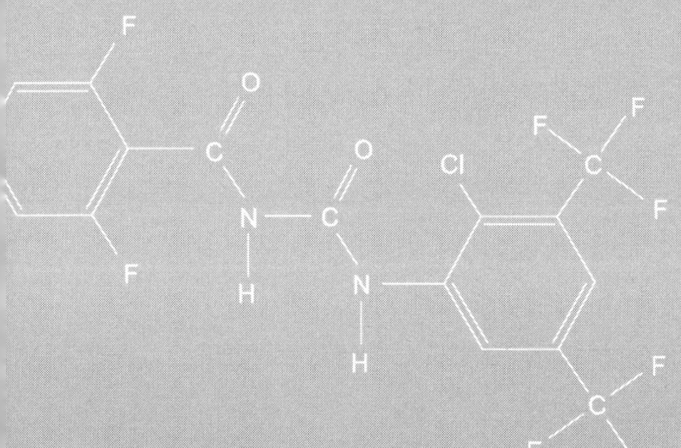

안정된 식량공급을 위해 농약의 사용은 불가피하다. 그래서 환경오염이 적고 안전성이 높으며, 적은 양으로 효력을 나타내는 농약 개발이 요구되고 있다.

새로운 농약의 개발로 인하여 과거에는 농약으로서 효과를 나타내려면 10a당 사용하는 농약의 양이 수 Kg에 이르렀으나, 최근에는 수~수십 g으로 줄어들게 되었다. 이와 같이 소량으로서 넓은 농경지에 효과를 나타내기 위해서는 해당 작물이나 해충에 약이 균일하게 닿아야 살충 효과도 높게 나타나므로, 약제의 유효 성분을 작물 및 해충의 특성에 맞게 제제화 시켜야 한다.

또한 제제화에 있어서는 대상 작물에 대한 약해를 줄이고, 사용자나 환경 조건에서도 안전성을 높이며, 방제비용을 낮추는 것이 필요하다. 특히 농촌 인구의 감소와 노령화가 진행되고 있기 때문에 노동력을 절감할 수 있는 제형에 대한 연구가 필요하다.

## 10.1 제형의 분류

농약의 제형은 직접 살포제와 희석 살포제로 나눌 수 있다. 직접 살포제는 약제를 물에 희석하지 않고 직접 살포하는 것이고, 희석 살포제는 약제를 물에 희석하여 살포하는 것이다. 주요 제형과 특징을 표 10.1에 나타냈다(정 등, 2000; 桑野 등, 2005; 本田 등, 1996).

표 10.1 주요 농약제제의 제형과 특징

| 사용 방법 | 제제 형태 | 명칭 | | | 장점 | 단점 |
|---|---|---|---|---|---|---|
| | | 국명 | 영어명 | 약칭 | | |
| 직접 살포제 | 고체 | 분제 | Dustable powder | DP | •물이 필요하지 않다. | •비산이 많다. |
| | | 미립제 | Microgranule | MG | •비산이 적다.<br>•식물줄기 밑까지 도달한다. | •분제에 비해 제조 비용이 높다. |

| 사용방법 | 제제형태 | 명칭 | | | 장점 | 단점 |
|---|---|---|---|---|---|---|
| | | 국명 | 영어명 | 약칭 | | |
| | | 입제 | Granule | GR | •비산이 적다.<br>•식물줄기 밑까지 도달한다. | •분제에 비해 제조 비용이 높다.<br>•토양처리에 적합한 유효성분에만 적용가능하다. |
| | | 훈연제 | Smoke generator | FU | •처리가 간편하다. | •열에 의한 유효성분이 분해될 수 있다. |
| 희석 살포제 | 고체 | 수화제 | Wettable powder | WP | •광범위한 원제로 고농도화가 가능하다.<br>•유기용매를 이용하지 않는다. | •희석 시 가루가 일어난다.<br>•유제에 비해 작물이 얼룩이 생긴다. |
| | | 과립 수화제 | Water dispersible granules | WG | •희석 시 가루가 일어나지 않는다.<br>•유기용매를 이용하지 않는다. | •수화제에 비해 비용이 높다.<br>유제에 비해 작물이 얼룩이 진다. |
| | | 수용제 | Water soluble powder | SP | •수화제에 비해 작물의 얼룩이 적다. | •희석 시 가루가 일어난다. |
| | | 과립 수용제 | Water soluble granule | SG | •희석 시 가루가 일어나지 않는다. | •수용제에 비해 비용이 높다. |
| | | 정제 | Water dispersible tablet | WT | •사용이 편리하다. | •균일하게 확산되기 어렵다. |
| | | | Water soluble tablet | ST | | |
| | 액체 | 액상 수화제 | Suspension concentrate | SC | •희석 시 가루가 일어나지 않는다.<br>•입자크기를 미세하게 할 수 있다. | •용기에 약제가 남기 쉽다.<br>•보관 중에 굳는 경우도 있다.<br>•보관 중에 입자가 부풀기도 한다. |
| | | 유탁제 | Emulsion, oil in water | EW | | |

| 사용 방법 | 제제 형태 | 명칭 | | | 장점 | 단점 |
|---|---|---|---|---|---|---|
| | | 국명 | 영어명 | 약칭 | | |
| | | 유제 | Emulsifiable concentrate | EC | •수화제에 비해 침투력이 강하다. | •비수용성 유기용제를 이용한다. |
| | | 액제 | Soluble concentrate | SL | •수용성 용매를 이용한다. | •수용성 유효성분일 때만 적용이 가능하다. |
| | | 캡슐 현탁제 | Capsule suspension | CS | •방출제어가 가능하다. | •다른 액상제에 비해 비용이 높다. |

### 10.1.1 분제(dustable powder, DP)

분제는 제제 자체를 직접 10a당 1~4kg 살포한다. 0.1~10% 농약원제, 증량제, 비산방지제, 유효성분의 분해방지제 등을 첨가하여 혼합분쇄한다. 입자의 크기가 45μm 이하가 95% 이상인 분말제제로 비산이 낮은 저비산분제(driftless dust, DL)가 주류를 이루고 있다.

가볍고 물에 탈 필요가 없기 때문에 사용이 편리하다는 장점이 있으나, 액상보다는 고착성이 떨어지고 비산으로 환경오염의 될 수 있다는 단점이 있다.

### 10.1.2 입제(granule, GR)

입제는 제제 자체를 직접 육묘상자나 논밭에 시용한다. 300~1700μm의 입자를 가지며 0.1~30% 농약원제, 결합제, 분산제, 증량제, 필요에 따라 방출제어제, 유효성분의 분해 방지제로 구성된다.

입제는 작물의 지상부에 접촉되기 어렵기 때문에 제초제에 주로 이용되는 제형이다. 살충제의 경우 육묘상자, 논, 토양의 처리제로 이용되고 있다.

입제는 100μm 이하의 증량제를 이용하여 압출조립, 흡착, 피복으로 제조된다. 증량제의 종류에 따라서 제제 방법은 다음과 같다.

| | |
|---|---|
| 압출조립법 | 농약 원제에 증량제(활석, 점토)와 점결제[polyvinyl alcohol(PVA) 또는 전분]를 넣고 계면활성제를 혼합한 후 분쇄하여 물 반죽하여 압출한 것으로 가수분해나 열에 안정한 원제에 적용이 가능하다. |
| 흡착법 | 유기용매에 녹인 액상 원제를 천연 점토광물을 분해하여 만든 입자에 균일하게 흡착시켜 제제한다. |
| 피복법 | 규사, 탄산석회, 모래 등의 표면에 액상의 원제를 피복시키는 방법이다. |

### 10.1.3 수화제(wettable powder, WP)

수화제는 일반적으로 입자의 크기가 3～10μm인 분말제제이다. 일반적으로 5～80%의 농약원제, 계면활성제, 증량제, 그 외 필요에 따라 유효 성분의 분해 방지제, 분말이 굳어지는 것을 방지하는 물질(기름흡수력이 좋은 화이트카본 등)을 첨가·혼합하여 공기 분쇄기(제트밀) 등으로 분쇄하여 제조한다.

### 10.1.4 유제(emulsifiable concentrate, EC)

유제는 물에 잘 녹지 않는 농약원제나 증량제, 유화제 등으로 제제된 액체이다. 일반적으로는 물에 500～5000배 정도 희석하여 사용된다. 입자 지름은 0.1～1μm이다. 일반적으로 수화제에 비하여 조제가 편리하고 식물이나 곤충에 침투력과 속효성이 우수하다. 반면에 유기용매이기 때문에 인화성을 갖고 있으며 약해의 발생, 인축이나 환경에 대한 안전성이 낮다는 단점이 있다.

### 10.1.5 액상수화제(suspension concentrate, SC), 유탁제(emulsion, oil in water, EW)

고체 농약원제를 물로 현탁한 액상수화제, 극성이 낮은 유기용매에 농약원제를 용해하여 물로 유화한 유탁제가 있다. 이들의 공통되는 구성성분으로는 계면활성제, 증점제(점도를 증가시키는 물질), 소포제(거품발생을 억제하는 물질), 방부제, 동결 방지제, 침전 방지제 등이 포함되어 있다.

액상수화제는 물을 용매로 하여 습식 분쇄기로 2μm 전후까지 분쇄하며 건식 분쇄로 제조되는 수화제보다 입자가 미세하다. 따라서 수화제보다 입자 수가 많고 상대적으로 부착이 넓어 약효가 우수하게 나타난다.

유탁제는 유기 용매의 크기를 줄이기 위해 만든 제형이다. 소량의 소수성 용매에 농약원제를 용해하고 유화제를 사용하여 물에 유화시켜 제조한다. 유제를 물에 진하게 희석한 경우와 같은 상태가 되며 입자의 크기가 0.3μm 정도의 유화입자가 얻어진다.

### 10.1.6 **캡슐현탁제**(capsule suspension)

캡슐현탁제는 농약원제의 입자(수~수백 μm)에 고분자 물질을 얇은 막 형태로 피복하여 현탁시켜 만든 것이다. 물에 현탁한 캡슐상태로 시판되는 것이 많다. 증기압이 높고 극성이 낮은 살충제가 캡슐화되는 예가 많다.

### 10.1.7 **훈연제**(smoke generator)

훈연제는 농약 유효성분을 가열하여 5μm 이하의 연기입자로 물을 사용하지 않기 때문에 비닐하우스 내의 습도를 최소한으로 억제할 수 있어 작물의 병해충 발생을 줄일 수 있다. 훈연제 타입은 캔형, 정제형 또는 과립형이 있다. 적은 약량으로 효과를 볼 수 있는 장점이 있으나 열에 안정적이고 휘발성을 가진 농약원제라야만 가능하는 단점이 있다.

## 10.2 제형의 살포 방법

### 10.2.1 **분무법**

유제, 수화제, 수용제 등 약제를 물에 희석하여 분무기로 약액을 뿜어내어 살포하는 방법이다. 분무법에서 중요한 것은 분출되는 살충액의 입자를 작게 하는 것이다. 입자의 크기를 작게 하려면 분무기의 압력을 높이고 분출구를 작게 하여야 한다. 만약 분무되는 입자가 크면 목적물에 균일하게 부착하지 못할 뿐만 아니라 과실이나 경엽에 국부적으로 많은 양의 약액이 부착되어 약효 저하 및 약해 발생의 원인이 되기도 한다.

### 10.2.2 분제 살포법

분제는 액제 살포처럼 물에 희석해야 하는 절차 없이 그대로 사용할 수 있기 때문에 물이 부족한 산지나 과수원에서 많이 이용한다. 즉 액제의 경우 10a당 180ℓ를 살포한다면 180kg을 살포하는 셈이 되나 분제는 3~4kg 정도로도 충분하므로 운반이 편리하고 물에 희석하는 시간을 절약할 수 있다. 그러나 분제는 액제에 비해서 고착성이 떨어지고, 약값이 비싸며, 농도가 높아 환경에 투하되는 약량이 많아진다. 분제 살포에서 가장 문제가 되는 것은 비산에 의하여 환경에 부작용을 일으킨다는 것이다.

살포 시기는 분제의 불필요한 확산을 방지하기 위하여 바람이 없을 때, 또 광에 의한 분해를 막기 위하여 이른 아침이나 저녁 때에 하는 것이 유리하다.

### 10.2.3 입제 살포법

입제는 분제의 일종이다. 분제의 단점인 비산성을 줄이고 특별한 살포기 없이 맨손으로도 살포할 수 있어 편리하다. 그러나 입자가 크기 때문에 작물에 살포하였을 때 작물에 부착되기 어렵고, 땅에 떨어지는 약량이 많다는 문제점이 있다. 따라서 입제의 경우 그의 유효성분이 물에 풀려 작물체에 흡수되어 해충이 가해하는 부위까지 침투·이행되어야 효력을 나타내기 때문에 제약을 받는다.

위와 같은 입제의 단점을 보완하고 비산을 적게 만드는 입제가 미립제(fine granule)다. 미립제는 입제에 비하면 입자의 크기가 작아 작물의 줄기나 잎에 부착하기가 비교적 용이하며, 땅에 떨어진 것도 침투이행성인 살충제에서는 분제와 같은 효과를 나타낸다.

### 10.2.4 미스트법

분무법은 많은 양의 물을 넣고 살포액을 조제하므로 단위면적당 살포액이 많아시나, 미스트법은 희석 배수를 적게 하여 살포한다. 미스트기로 살포하는 입자의 크기는 30~60μm이다.

따라서 미스트법은 분무법에 비하여 살포량을 1/3~1/5로 줄여 살포할 수 있으며 부착물에 골고루 부착시킬 수 있다는 장점을 갖는다.

### 10.2.5 연무법

살포액 입자를 연무질(지름 2~20μm 이하)로 하여 살포하는 것으로, 미립자가 오랫동안 공중에 머물게 한다.

이른 아침이나 저녁에 상승기류가 없을 때 사용하면 작물체의 좁은 공간까지 잘 스며들어 표면에 흡착된다. 과수원이나 삼림 또는 온실, 창고, 가옥 등에 쓰인다.

### 10.2.6 훈증법

휘발하기 쉬운 물질을 밀폐된 공간이나 토양 속에 넣어 기체를 발생시켜 해충을 죽이는 방법을 훈증이라고 한다.

훈증제는 보통 밀폐된 창고에서 이용되나 선박, 트럭, 화물열차 그리고 밀폐 가능한 텐트, 밀폐한 가옥 내부 등에 이용된다.

### 10.2.7 나무주사법(주입법)

침투성 살충제를 나무줄기에 구멍을 뚫고 주입하는 방법으로 천적에 영향이 적고, 환경오염을 유발하지 않는 처리법으로 특히 산림해충 방제에 많이 이용된다.

### 10.2.8 도포법

점착제에 약제를 혼합하여 수간에 바르는 방법으로 나무줄기에 약액을 처리하여 이동하는 해충을 잡는 방법이다.

### 10.2.9 관주법

관주(drench)는 이식, 파종 또는 작물 포기 주위의 토양 표면에 약제 용액을 처리하는 방법으로 주로 토양 해충방제에 적용한다.

### 10.2.10 혼화법

혼화(mixing)는 육묘토, 이식, 파종에 입제나 분제를 살포해서 토양과 잘 혼합한 후에 파종이나 이식을 하기 때문에 토양 해충방제에 적용한다.

### 10.2.11 분의법

종자를 소독하기 위하여 미리 물에 담가 적신 다음 약제를 묻혀서 뿌리는 방법을 말한다.

### 10.2.12 침적법

묘목이나 종자를 소독하기 위하여 사용하는 방법으로 약액에 담가 표면이나 내부에 있는 해충을 죽이는 방법이다.

### 10.2.13 항공 살포법

액상의 살충제를 원액과 같은 농도로 하여 소량 살포하는 방법으로 주로 항공 살포에서 이용되고 있다. 과거에는 30～50배 정도로 희석하여 사용하였으나 최근에는 희석하지 않고 원액 그대로 살포하기도 한다.

## 10.3 제형의 효과

농약을 살포할 때는 여러 가지 유형의 약제를 해충의 성격과 식물, 환경 등을 고려하여 적합한 살포법을 찾아 처리한다. 제형에 따라 식물에 부착되는 시간, 목적한 곤충의 체내에 들어가는 침투량, 환경 잔류의 용이성 등에 영향을 미친다.

### 10.3.1 부착량의 증가

식물보호를 목적으로 살충제를 살포하는데 표적으로 하는 식물 표면에 약액 부착량을 많게 하는 것이 중요하다.

식물의 표면은 탄소수 30 전후의 hydrocarbon, ester, alcohol, fat acid 등을 주성분으로 하는 epicuticular wax로 덮여 있어 물방울을 튕기는 성질을 가진 것이 많다. 이러한 성질을 가진 작물에 살충제의 부착량을 높이기 위해서는 농약 살포액에 계면활성제를 첨가하여 표면장력을 낮춰, 잘 젖게 함으로써 살충제를 균일하게 부착시킬 수 있다.

벼 잎의 부착량과 약액의 표면장력 간에는 (−)의 상관관계이므로 약액의 표면장력이 낮아질수록 부착량이 많아진다. 벼, 양배추 등 젖기 어려운 식물에 대해서는 부착량을 많게 하기 위해 표면장력을 낮추는 계면활성제가 필요하다. 이와 같이 식물에 부착량을 높이기 위해서는 대상이 되는 식물의 부착성을 고려하여 계면활성제의 종류와 농도를 최적화하는 것이 중요하다.

### 10.3.2 식물에 침투량 증가

살충제의 효력을 높이기 위해 이용되는 첨가물을 총칭하여 보조제(adjuvant)라 한다. 보조제의 역할은 살충제의 부착량이나 침투량을 증가시키고 고착성을 좋게 한다. 보조제는 미리 살충제 제제 안에 혼합된 것(in-can)과 살충제 희석 시 살충제 제제와 별도로 전착제로서 혼합(tank mix)하는 것이 있다.

살충제의 부착량이나 침투량을 높이는 보조제로서는 계면활성제, 광물유나 식물유 등이 많고, 고착성을 좋게 하는 보조제로서는 고분자 화합물이 주로 이용된다. 일반적으로 약제는 잎의 앞면보다 뒷면에 투과량이 좋다.

### 10.3.3 입자 크기에 따른 효력증가

고체로 된 살충제의 유효성분을 처리하는 경우, 그 입자 크기에 따라 효과에 영향을 미치는 경우가 많고 특히 물에 난용성인 화합물의 경우는 효력 저하가 현저하다.

입자의 크기와 귤응애에 대한 효과의 관계를 보면, 살비제인 cyhexatin 수화제는 입자의 크기가 6.0μm에서 2.8μm로 작게 하면 귤응애 성충에 대한 효력이 약 2배로 높아진다. 그 밖에도 입자 크기를 작게 하면 할수록 효력이 증가한다는 보고가 있다.

## 10.4 노동력 절감

약제 처리시 노동력 절감을 위해서는

① 사용 횟수나 처리량을 줄인다.

② 처리 면적을 줄인다.

③ 이식기, 시비기에 사용한다.

예를 들어, 점보제를 사용하면 논에 들어가지 않고 논두렁에서 처리하면 노동력이 절감되는 효과가 있다.

### 10.4.1 처리량의 감소

처리하는 총량을 감소시킴으로써 처리시간을 단축하는 방법이다. 예를 들어, 분제나 입제의 처리량을 10a당 3kg에서 1kg로 줄이는 방법이나 물로 희석하는 제제의 농도를 높여 소량의 약액을 살포한다. 또한 입제나 분제는 물로 희석하지 않고 처리하는 제제로 희석제에 비하여 처리량, 횟수를 줄인다.

### 10.4.2 육묘상 처리

이식 전에 육묘상자에 약제를 살포하면 처리 면적을 줄일 수 있다. 반면에 밭에 처리한 것 보다 약해가 발생할 가능성이 높으므로 유효 성분의 방출을 조절해야 한다. 육묘상 처리는 오랜 시간 동안 잔효성을 기대할 수 있다.

### 10.4.3 종자 처리

종자를 약액에 침적하거나 분의하여 처리하는 방법이다. 젖은 종자나 마른 종자 모두 사용이 가능하다.

### 10.4.4 논에 투척 처리

논에 던져 넣는 투척형 제제는 입제(점보제)를 수용성 필름으로 포장하여

50g 정도로 정제한 형태이다. 5~20개/10a를 논두렁에 서서 던져 넣는다. 논에 투척하는 제제는 논에 들어가지 않고도 처리가 가능하며 다음과 같은 장점이 있다.

① 비산이 없다.
② 처리 기계가 필요 없다.
③ 희석이 필요 없다.
④ 처리 시간이 짧다

### 10.4.5 논에 원액 살포

원액 살포는 살포기구를 사용하지 않고 액상수화제 원액을 직접 살포한다. 이에 따라 '점보제'와 같은 직접 살포는 정제 처리와 동일한 장점이 있다. 일반적으로 10a당 500㎖ 병을 약 25회 정도 살포한다.

## 연습문제

### 주관식

1. 살충제의 제형을 직접살포제와 희석살포제로 나누어서 설명하시오.

2. 제형의 효과에 대하여 설명하시오.

3. 입제를 증량제의 종류에 따라 제제 방법을 설명하시오.

### 객관식

1. 입제 중 규사, 탄산석회, 모래 등의 표면에 액상의 원제를 피복시키는 제제 방법은?
   ① 국소처리법 ② 압출조립법 ③ 흡착법 ④ 피복법

2. 제형 중 희석제가 아닌 것은?
   ① 수화제 ② 유제 ③ 입제 ④ 액제

3. 제형 중 직접살포제가 아닌 것은?
   ① 분제 ② 미립제 ③ 입제 ④ 액제

4. 제형의 효과가 아닌 것은?
   ① 유효성분의 효력 증강 ② 침투촉진
   ③ 부착량 증가 ④ 휘산방지

5. 제조업자가 국내 등록하여 판매하려고 한다. 어떤 기관에 등록해야 하는가?
   ① 농림식품부 ② 해당 도청이나 시청
   ③ 식품의약품안전처 ④ 농촌진흥청

**6.** 침투이행성이 있는 살충제의 원제를 흡착·압출 또는 피복에 의하여 입자상으로 제조한 약제는?

① 유제 ② 액제
③ 분제 ④ 입제

**7.** 살충제 제형을 개발하려 할 때 고려해야할 사항이 아닌 것은?

① 유효 성분의 제제화 ② 작물의 수확량
③ 환경에 대한 안전성 ④ 재배기간 내 안정성

**8.** 작물의 지상부에 접촉되는 것이 어려울 때 쓰이며 육묘상자에 주로 사용하는 제형은?

① 분제 ② 입제 ③ 수화제 ④ 정제

**9.** 분제 살포법에 대한 설명으로 알맞지 않은 것은?

① 물에 타야 하는 절차 없이 그대로 사용한다.
② 살포시기는 바람이 없는 한낮이면 적합하다.
③ 액제에 비해서 고착성이 떨어진다.
④ 비산에 의하여 환경에 문제를 일으킨다.



**10.** 유효성분의 부착량을 증가시키기 위해서 고려할 점이 아닌 것은?

① 농약 살포액에 계면활성제를 첨가한다. ② 표면장력을 높인다.
③ 식물의 부착성을 고려한다. ④ 약액의 농도를 최적화한다.

정 답

1. ④ 2. ③ 3. ④ 4. ④ 5. ④ 6. ④ 7. ② 8. ② 9. ② 10. ②

## 참고문헌

1. 김길하, 안용준, 조광연. 1988. 톱다리개미허리노린재의 발육단계에 따른 살충제 감수성. 한국곤충학회지. 18. 269～274.
2. 김길하, 이준호, 조광연. 1991. 배추좀나방의 fenvalerate에 대한 저항성 유전. 한국응용곤충학회. 30: 106～110.
3. 김길하, 송철, 장부영, 박노중, 조광연. 1995. Dicofol 저항성 점박이응애의 안정성. 한국응용곤충학회. 34: 61～64.
4. 김길하 등. 2012. 삼고 해충학. 199-230.
5. 김길하, 이병호. 2013. PH3(인화수소)를 이용한 목재해충 소독기법 개발. 농림축산검역본부. 30.
6. 농촌진흥청. 농약관리법령 및 고시 · 훈령집(개정증보판). 2012. 793.
7. 농촌진흥청 국립농업과학원. 2013. 농약사용 길잡이. 624.
8. 농촌진흥청 국립농업과학원. 2010. 농약등록시험 약효약해분야 세부지침 살충제편. 295.
9. 심이성, 김진원. 2005. 농약학. 월드사이언스. 256.
10. 이성환, 홍종구. 2008. 개정 농약학. 향문사. 299.
11. 안용준, 조광연. 1992. 살충제 개발을 위한 생물검정법의 확립 I. 각종 유기용매가 곤충의 독성과 약해 및 화합물의 용해성에 미치는 영향. 한국응용곤충학회지. 31: 182～189.
12. 안용준, 김길하, 박노중, 조광연. 1992. 살충제 개발을 위한 생물검정법의 확립. II. 처리방법 및 종간에 따른 살충제 감수성 차이. 한국응용곤충학회지. 31: 452～460.
13. 양환승, 이두행, 이승찬. 1995. 삼정 신농약. 향문사. 579.
14. 정영호, 박영선. 1990. 농약학. 문선사. 576.
15. 정영호, 김장억, 김정한, 이영득, 임치환, 허장현. 2000. 최신 농약학. 시그마프레스. 570.
16. 한국작물보호협회. 2014. 2014년 작물보호제 지침서. 1439.
17. 한국작물보호협회. 2013. 2013 농약 시험담당자 교육. 529.
18. 杉本 野ら. 1971. 現代農藥講座(II). 朝倉書店. 3.
19. 九野英二 등, 1990. 新應用昆蟲學. 朝倉書店. 380.

20. 中筋房夫. 1997. 綜合的害蟲管理學. 養賢堂. 273.
21. 山本 出, 深見順一編. 1979. 農藥-Designと開發指針. Soft Science, Inc. 1222.
22. 小山 重郎, 小山 晴子 共譯. 1989. 害蟲綜合防除の原理. 東海大學出版會. 357.
23. 細込 豊最二. 1985. 最新 農藥生物檢定法. 全國農村教育協會. 961.
24. 石崎 寬. 1991. 農藥科學. (株)養賢當. 191.
25. 桑野榮一, 首藤義博, 田村廣人. 2005. 農藥の科學. 朝倉書店. 236.
26. 本田 博, 赤塚尹巳, 佐藤仁彦, 近內誠登. 1996. 新農藥學概論. 朝倉書店. 194.
27. 浜弘司. 1992. 害蟲はなぜ農藥に强くなるか. 農文協. 189.
28. Abbott, S.W. 1925. A method of computing the effectiveness of an insecticide. J. Econ. Entomol.18: 265-267.
29. Aizawa, H., 1989. Metabolic maps of pesticides. V. 2. Academic Press, INC. 272.
30. Choi, K.S. et al. 2014. Fumigant toxicity of phosphine to the Japanese termite, *Reticulitermes speratus* Kolbe (Isoptera: Rhinotermitidae). J. Stored Prod. Res. 57: 24～29.
31. Coats, J.R. 1982. Insecticide mode of action. Academic Press. 470.
32. Finney, D.J. 1971. Probit analysis. Third ed. Cambridge University Press. Cambridge. 333.
33. Georghiou, G.P., and T. Saito. 1983. Pesticide resistance to pesticides. New York and London. 809.
34. Georghiou, G.P., and T. Saito. 1977. Genetics and biological influences of insecticide resistance. J. Econ. Entomol. 70: 653.
35. Koo et al., 2014. Regional susceptibilities to 12 insecticides of melon and cotton aphid, *Aphis gossypii* (Hemiptera: Aphididae) and point mutation associated with imidacloprid resistance. Crop Prot. 55: 91～97.
36. Otto, D. and B. Weber. 1992. Insecticide: mechanism of action and resistance. Intercept. 499.

37. Ren, Y.l., B.H., Lee, B. Padovan. 2011. penetration of methyl bromide, sulfuryl fluoride, ethanedinitrile and phosphine into timber blocks and sorption rate of the fumigants. J. Stored Prod. Res. 47: 63~68.
38. Tomlin, CDS. 2006. A world compendium. The pesticide manual (Fourteenth Edition). 1349.
39. www.alanwood.net. Compendium of pesticide common name.
40. www.irac-online.org IRAC-insecticide mode of action classification.

# 찾아보기

## 영 문

### A



### B



### C



### D



### E

ㄹ



ㅁ



ㅂ



ㅅ



ㅇ

## 저자 약력

김길하 : 충북대학교 농과대학 농생물학과 졸업
(金吉河) 서울대학교 농과대학 응용곤충학전공 석사
일본 University of Kyoto 응용곤충전공 박사
한국화학연구원 선임연구원
충북대학교 농업생명환경대학 응용생명공학부 교수

이시혁 : 서울대학교 농과대학 농생물학과 졸업
(李時赫) 서울대학교 농과대학 응용곤충학전공 석사
미국 University of Massachusetts 곤충학전공 박사
한국화학연구원 연구원
서울대학교 농업생명과학대학 농생명공학부 교수

안용준 : 서울대학교 농과대학 농생물학과 졸업
(安龍濬) 서울대학교 농과대학 응용곤충학 전공 석사
일본 University of Tokyo 응용곤충전공 박사
한국화학연구원 선임연구원
서울대학교 농업생명과학대학 농생명공학부 교수